ドードーをめぐる堂々めぐり

ドードーをめぐる堂々めぐり

正保四年に消えた絶滅鳥を追って

川端裕人
Hiroto KAWABATA

岩 波 書 店

目次

扉画＝Julian Hume 2020

序章

堂々めぐりのはじまり

二〇一七年六月のとある好日、ぼくはインド洋のモーリシャス島のオリィ山の中腹にて地面に這いつくばるようにして、三五〇年ほど前に絶滅してしまった飛べない鳥の「遺物」を探していた。周囲にいるのは、同志ともいえるイギリス・ロンドン自然史博物館のジュリアン・ヒューム、オランダ・マーストリヒト大学のレオン・クレセンス、および学生たち。密に生えた木々の間を縫い、植物に覆われた火山岩の割れ目を探しては、腕を突っ込んで中のものを掻き出す。

大部分は落ち葉や、それが分解した腐葉土だが、死んで干からびたムカデなどの節足動物や、ネズミなどの小さな白い骨が見つかることもある。危険な捕食者がいなかった島でも、夜の冷え込みや風雨をしのぐ必要があり、山腹の小穴は身を隠すのに最適だったと思われる。実際にこのあたりの岩の隙間から、ぼくたちが探している鳥の骨が出たことがある。だからこそここの探索が計画された。

目当ての鳥とは、つまりドードーだ。

しばしば絶滅鳥類の代表のように言及される、飛べないハトの仲間である。頭でっかちのがっしりした体型で、体高が六〇〜七〇センチ、体重も一〇〜二〇キログラムはあったといわれる。一五九八年、オランダのファン・ネック艦隊が訪れた際に報告されてから、一世紀もたたずに姿を消した。国際自然保護連合(IUCN: International Union for Conservation of Nature and Natural Resources)のレッドリストでは、絶滅年を一六六二年としている。

その後、進化論の父、チャールズ・ダーウィンも、ビーグル号の航海でモーリシャス島に寄港しているが、その際、ドードーには会ってもいないし、言及もしていない。彼のモーリシャス訪問は一九世紀前半、一八三六年なので、ドードーがいなくなってから実に一世紀半以上たっていた。

同じ一九世紀の後半には、島内の沼地から大量の骨が発見されるようになり、世界中に標本が供給される。それでもこの謎めいた鳥の全貌を知るには十分ではなく、そこからさらに一世紀半後の二一世紀の研究者たちも、山肌の窪みや火山洞窟でさらなる遺物を探し続けている。

実をいうと、日本はかつて生きたドードーを得た「当事国」の一つだ。その縁で調査に同行したぼくは、汗をしたたらせ、時にめまいを感じながらも、岩の割れ目の中に伝説の鳥のリアリティを求めようと手を伸ばす……。

本書は、一七世紀に日本に来ていた絶滅鳥ドードーの行方を探求するうちに、どんどん深みにはまり「堂々《ドードー》めぐり」することになった記録だ。

一六四七(正保四)年、象徴的な絶滅鳥ドードーが、長崎の出島に来ていたと分かったのは二〇一四年、つい最近のことである。絶滅も近い年代に生息地から持ち出された野生個体が、オランダ東インド会社の拠点、インドネシアのバタヴィア(ジャカルタ)を経由して、日本に到来した。その後、どこに行ったのか気になって調べはじめたら、はからずも時空を超える旅をするに至った。

大げさな？　と思われるかもしれないが、決して誇張ではない。

本書の中で納得いただけるはずだが、ここではいくつかの絵画を見ることで、その輪郭をなぞることができるのではないかと思う。

まず、最初に紹介したいのは、出島に来ていたドードーを「発見」したオランダの歴史家、図書館員、鳥類画家リア・ウィンターズによる水彩画だ(本書カバー)。長崎の市街と出島を見下ろす小高い丘にドードーがたたずむ姿は衝撃的でもあり、本当にこんなことがあったのかもしれないと感じさせられる。日本史の中に、生きたドードーがいたという事実だけでも、ぐっと来るものを感じる人が多いはずだ。

それに対して、もっと一般的に知られるドードーのイメージを探してみよう。代表的なものは、一八六五年に出版された『不思議の国のアリス』に登場するドードーだ(図0-1)。画家ジョン・テニエルによる挿絵は、高慢で、滑稽な姿に描かれている。著者ルイス・キャロル(チャールズ・ドジソン)自身を投影したものだったともいわれる。のちのディズニー映画では、この特徴がさらに誇張されて踏襲された。一方、日本で馴染み深い、漫画やアニメの「ドラえもん」のドードーは、高慢さはあまり感じられないものの、滑稽な雰囲気は引き継ぎ、絶滅鳥であることが強調されていた。物語の中のドードーは、たいてい、太っていて、滑稽で、絶滅している。

さらに、一七世紀のインドで実際にドードーを見て描いたとされる絵画がある。ムガル帝国第四代皇帝ジャハーンギールの宮廷画家の手になるものだ（図0–2）。これを見ると「アリス」に始まる物語の中のドードーとはまったく違って、まさに「野鳥」だ。野鳥観察のフィールド図鑑に掲載されていたとしても驚かない。周囲に描かれているハイイロジュケイやインドガンといった鳥同様、ドードーはまぎれもなく野の鳥なのである。

一方、ほとんど同じ時期、一六二六年頃に神聖ローマ帝国の皇帝ルドルフ二世の宮廷画家だったルーラント・サフェリーが描いたドードーは、でっぷりした滑稽な姿で、まるで別の鳥のようだ（図0–

図0–1 『不思議の国のアリス』でアリスがドードーから指ぬきを受け取るシーン．ジョン・テニエル自身が彩色した“The Nursery ‘Alice’”（1890年）より

図0–2 インドのムガル帝国時代，1624〜27年頃に描かれたドードー．ハイイロジュケイ，インドガンなどが周囲に，中央がドードー

図 0-3　神聖ローマ帝国の宮廷画家だったルーラント・サフェリーが1626 年頃に描いたドードー

図 0-4　野生のドードーとその環境の復元画．Julian Hume 2008

3)。サフェリーは、ルドルフ二世が没する一六一二年よりも前にドードーを見たとされ、その後、何度もドードー画を描いた。それらは、ほぼ常に太って滑稽な「キャラクター」で、サフェリー自身を投影したものとする研究者すらいる。このドードーは後世の画家に模写される中で代表的な姿となり、「アリス」のドードーにもつながっていく。

最後にもう一枚、二一世紀になってから、科学的な研究をもとに描かれたドードーを紹介する。一六四七年の「出島ドードー」を見出した論文の共著者、ロンドン自然史博物館の研究員で画家でもあるジュリアン・ヒュームによるものだ(図0-4)。ヒュームは、二〇〇〇年代から世界のドードー研究の中心人物の一人であり、モーリシャス島での発掘調査に誘ってくれた人物でもある。彼はドードーにまつわる多くの研究論文を発表すると同時に、ドードー画、絶滅鳥類画を発表してきた。

ヒュームによるこの作品は、四〇〇〇年ほど前のモーリシャス島の様子を描いている。低地林を闊歩した野生の鳥としてのドードーの精悍さにはっとさせられる。

背景にある湖は、現在は沼地になっており、世界中の博物館などが所蔵しているドードーの「標本」のほとんどがここから見つかった。絵の左下に描かれているドードーの頭骨などは、ここで死んだ後に沼の中で保存され、四〇〇〇年後に発掘されるはずのものだ。また、背景にいるゾウガメやクイナはモーリシャスの固有種で、ドードーとともに絶滅した。こういった生態系復元は、彼自身も加わった研究チームの成果である。

つごう、五枚のドードー画を紹介した。

あらためて見渡すと、同じ鳥を描いているはずなのに、実に多種多様な要素が、それぞれ共通する部分も相反する部分もありながら、結局は響き合っている。これらが全体として「ドードー」だ、といってよい。

地理的にはインド洋のモーリシャス島の固有種でありながら、ヨーロッパ、インド、日本が関わる世界規模のスケールでドードーは移動した。神聖ローマ帝国やムガル帝国の宮廷、さらには日本の出島にドードーが同時期にいたというのはびっくりさせられる事実だ。一方で、物語の世界のドードーは、「絶滅鳥」「太った滑稽な鳥」「自身の投影としてのドードー」でもありつつも、我々を魅了してきた。そして、生物学が明らかにするドードーは野生の精悍さできりっとこちらを睨みつける。

日本に来たドードーの行方を知りたかっただけなのに、様々な違いを持ったドードーの森に迷い込んでしまう……。取材中、執筆中、そんな感覚が常にあった。必然的に堂々めぐりをしながらも、この魅力的な鳥を深く知り、あわよくば、やはり日本のドードーの行方を知りたいと願う、というのが本書を上梓するモチベーションである。

ここから先の道行きを素描しておく。

第一章では、江戸時代初期の一六四七(正保四)年、徳川家光が将軍だった時代に突然やってきた「出島ドードー」の経緯と、その行方を追う。

江戸時代には多くの珍奇な鳥獣がオランダ船によってもたらされた。ヒクイドリ、ラクダ、ジャコウネコ、そして、様々なオウムなど。ドードーはそれらのうちの一種だ(図0-5)。

図0-5　江戸時代にオランダ船によりもたらされた鳥獣．「長崎渡来鳥獣図巻」より．ヒクイドリ(表記は駝鳥)とホロホロチョウ(上段)，ラクダ(中段)，ジャコウネコ，テナガザル，オランウータン(下段)．提供：ColBase (https://colbase.nich.go.jp/)

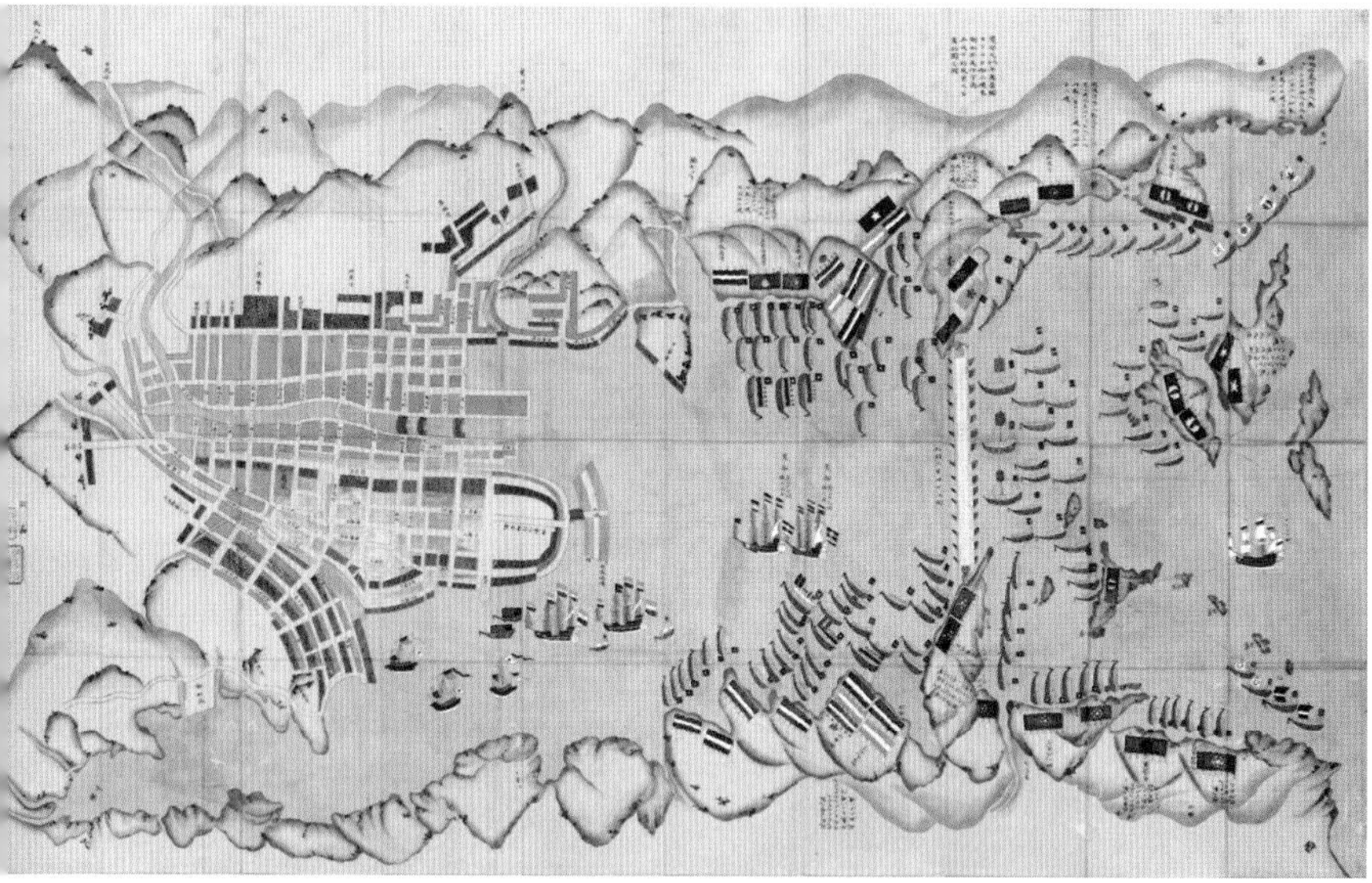

図 0-6　1647 年の長崎有事を描いた「長崎ニテ黒船囲様之図」．突然来訪したポルトガル船を湾内に閉じ込めて，各藩からの軍勢が睨みを効かせる中，ドードーを載せたオランダ船が到着した．所蔵：東京大学駒場図書館「大日本海志編纂資料」

図 0-7 「漢洋長崎居留図巻」の蘭館図(江戸後期)．ヒクイドリが建物の前に描かれている．2 階の屋内にはオウムがおり，テラスの端には東南アジアのサルが見られる．提供：長崎歴史文化博物館

ドードーが訪れたのは、実は日本史の中では有名な「長崎有事」のさなかだった。一六三七〜三八(寛永一四〜一五)年の島原の乱を機に断交し、入港を禁止したポルトガル船が突如来訪したため、長崎は一触即発の危機にあった。そして、九州四国一円の大名が集結して、湾口を封鎖しているところに、ドードーを載せたオランダ船が到着するという事態になる(図0-6)。このような大事件のさなかだったがゆえに、ドードーの記録はほとんど残されず、その一方で、ドードーの潜在的な贈り先(集結していた大名など)が多く想定されることとなった。本書では、唯一、ドードーを見たことが記録されている福岡藩の藩主黒田忠之の他、長崎の警備の責任者(長崎探題)だった松山藩の藩主松平定行、幕府側の大目付《おおめつけ》で江戸の切支丹《キリシタン》屋敷の主でもあった井上政重らについて検討する。

また、長崎の出島で継続的に行われている発掘調査についても確認する。江戸時代に来日した異国の動物は、出島を経由して入ってくる場合が多く、出島を描いた絵画には、様々な海外由来の動物、例えば、ヒクイドリ、オウム、東南アジアのサルなどが見られる(図0-7)。発掘を通じても、ウシやニワトリなどの家畜家禽はもちろん、様々な野生の鳥獣の骨が見つかり、かつての状況が「出島動物園」といえるものだったことが明らかになる。

さらに、「日本とドードー」というテーマを語るためには欠かせない鳥類学者、蜂須賀正氏《まさうじ》を紹介する。蜂須賀は「最後の将軍《ラスト・ショーグン》」、徳川慶喜を祖父に持つ「大名華族」で、探検家としても知られる風雲児だった。一九五三年の没後に刊行された大作“The dodo and kindred birds”(『ドードーと近縁の鳥』)は、世界的な鳥類画家小林重三《しげかず》の精密な挿絵を折り込んで、モーリシャス島のドードー、近縁でロドリゲス島にいたソリテア、その他の絶滅鳥類などを論じている(図0-8〜10)。

第一章末のコラムでは、日本のドードーから世界へと関心を広げるための準備として、現時点で分かっているドードーについての知識をまとめた。

例えば、ドードーはどこに住み、何種類いたのか。そんな基本的なことですら、はっきり分かったのはつい最近だ。生息していたのはインド洋マスカリン諸島のモーリシャス島、ロドリゲス島の二島で、それぞれに固有のドードー類(ドードーとソリテア)がいた。モーリシャス島の隣のレユニオン島にも固有のドードーやソリテアがいたかもしれないとされてきたが、結局は一種もいなかったことに落ち着いた。

また、古くからの「太った」ドードー像は、船乗りなどによる誇張された証言に基づいており、二一世紀の様々な手法による復元では、かつての体重二五キログラムから一〇キログラム台にスリムダウンした。さらに最新の研究ではドードーの生活史の一端が明らかになっており、なにかと神話がまとわりつくドードーについて、二一世紀の研究成果も含めて手堅い知識を提供できると思う。

第二章では、ドードーとゆかりのあるヨーロッパの国々をめぐる。

オランダでは、出島ドードーを「発見」したリア・ウィンターズと会った上で、国立公文書館で一六四七年のオランダ商館が残した記録を確認した。オランダで出版された初期の航海記や博物書などに描かれたドードーの姿もここで紹介するつもりだ。一六〇一年にモーリシャス島に寄港したオランダの艦隊に乗船していた画家によるスケッチのドードーは躍動しており(図0-11)、他にも一七世紀中にオランダにもたらされたドードーの絵が幾度となく描かれた(図0-12~13)。と同時に、存在しなか

Facsimile of R. Savery's figure of the Dodo in his picture of the
Fall of Adam in the Royal Gallery, Berlin

図 0-8 『ドードーと近縁の鳥』(蜂須賀正氏，1953 年)で描かれたモーリシャス島のドードー(右)とロドリゲス島のソリテア(左)．ドードーは 17 世紀のドードー画の複写，ソリテアは小林重三画

図 0-9 『ドードーと近縁の鳥』で描かれたレユニオン島のドードー(右)とソリテア(左)．蜂須賀はレユニオン島のドードー類を 2 種に分けたが，実際にはいずれも存在しなかった．小林重三画

図 0-10 『ドードーと近縁の鳥』で描かれたマスカリン諸島の鳥．右上図は，上から“マンディの黄色いクイナ”(*Kuina mundyi,* 実在しない)，モーリシャスクイナ(絶滅)，ロドリゲスクイナ(絶滅)．左上図は，上がモモイロバト，下がモーリシャスルリバト(絶滅)．右下図は，モーリシャスインコ(絶滅)．左下図は，左がモーリシャスの謎の巨鳥(*Leguatia gigantea,* 巨大クイナやコウノトリ説がありつつも，現在は地域絶滅したフラミンゴの誤認とされる)，右がレユニオンセイケイ(絶滅)．小林重三画

った「白ドードー」の論拠となった問題含みのドードー画もオランダ由来だった(図0-14・16)。

驚異王ルドルフ二世のお膝元チェコのプラハでは、まず「プラハのクチバシ」と呼ばれる標本と対面した。一七世紀の宮廷に由来する貴重なものだ。さらに一六〇二年頃に描かれたドードーが、のちにサフェリーが描くことになる「太った、滑稽な」ものとはまったく違ったことも確認できた。これは、残されている中で最古のドードーの彩色画で、ルドルフ二世のコレクションを描いたとはっきりしている(図0-15)。なお、サフェリーの最初のドードー画も一六一一年頃、プラハ宮廷時代に描かれ

図0-11　オランダの艦隊に乗船していた画家によるドードーのスケッチ(1601年)

ており(図0-16)、オランダのユトレヒトに移った後も同じコンセプトで描かれ続けた(図0-17)。

デンマークのコペンハーゲンでは、一七世紀のオランダから複雑な経緯で今に至る標本「コペンハーゲンの頭部《スカル》」を見る。と同時に、博物館に保管されていた一九世紀の絶滅種で、ドードーとならぶ知名度を誇る「北のペンギン」オオウミガラスの最後の二羽と出会うことになった。一八四四年に捕獲された有名なつがいで、その眼球や肺や心臓や消化管など、内臓の液浸《えきしん》標本が今も残されている。アルコールが満たされた標本壜の中で、四つの眼球が浮かんでいる様は衝撃的であり、と同時に絶滅時期が一七世紀と一九世紀ではこれほど違うのかと認識を新たにするきっかけにもなった。

イギリスのオックスフォード大学では、現存する中で、唯一皮膚が残された頭部と脚の標本と相対した。かつて、ハクチョウやノガンなどの水禽、ダチョウなどの走鳥類、特殊な猛禽類など、様々に分類されてきたドードー(図0-18)が、ハトの仲間であると説得力をもって示されたのはここでの研究による(図0-19)。『不思議の国のアリス』が生まれた場所でもあり、ドードーが「死後の栄誉」を得て世界的な人気者になるきっかけとなった一九世紀を振り返る。キャロル(ドジソン)がドードーと出会った博物館は、ダーウィンの進化論が発表された後に起きた大論争の舞台でもあった。

ヨーロッパでの「堂々めぐり」の最後に訪ねるロンドン自然史博物館は、「出島ドードー」の論文共著者で、画家でもあるジュリアン・ヒュームの拠点だ。実は、取材のきわめて初期に訪れたのだが、欧州ドードー史の中では終局面での舞台になることから、最後に語るのが相応しいと考えた。

ロンドン自然史博物館には、一九世紀後半にドードー研究が本格化するきっかけとなったモーリシャスの沼地由来の骨が多く所蔵されている。初代館長で「恐竜」(Dinosaur)という言葉を創り出したこ

図 0–13　クリスティーズのオークションで 2009 年に売却されたドードーの絵．17 世紀オランダで描かれたとされるが画家不詳

図 0–12　コーネリス・サフトラーフェンが 1638 年頃に描いたドードー

図 0–15　初の彩色画ドードー．神聖ローマ帝国ルドルフ 2 世のプラハの宮廷で 1602 年頃に描かれた

図 0–14　ピーテル・ヴィトホースが 1684 年頃に描いた白ドードー

図0–16　1611年頃，プラハ宮廷時代のサフェリーが描いた「動物とたわむれるオルフェウスの光景」.（右下にいる白いドードーを，左下に拡大）

図0–17　1629年頃，晩年のサフェリーが描いた「動物たちがいる光景」.（右端にいる黒いドードーを，左下に拡大）

とでも知られるリチャード・オーウェンは、一八六六年にドードーの全身骨格の復元を行って論文を書いた。全身の骨を詳細に記述した労作だが、サフェリーの「太った、滑稽な」ドードーの輪郭をなぞって復元する痛恨のミスをおかしたものでもあった（図0–20）。

図0–18　ダチョウの仲間として描かれたドードー（ローレンツ・オーケンの『全綱の一般的な自然誌』1843年より）

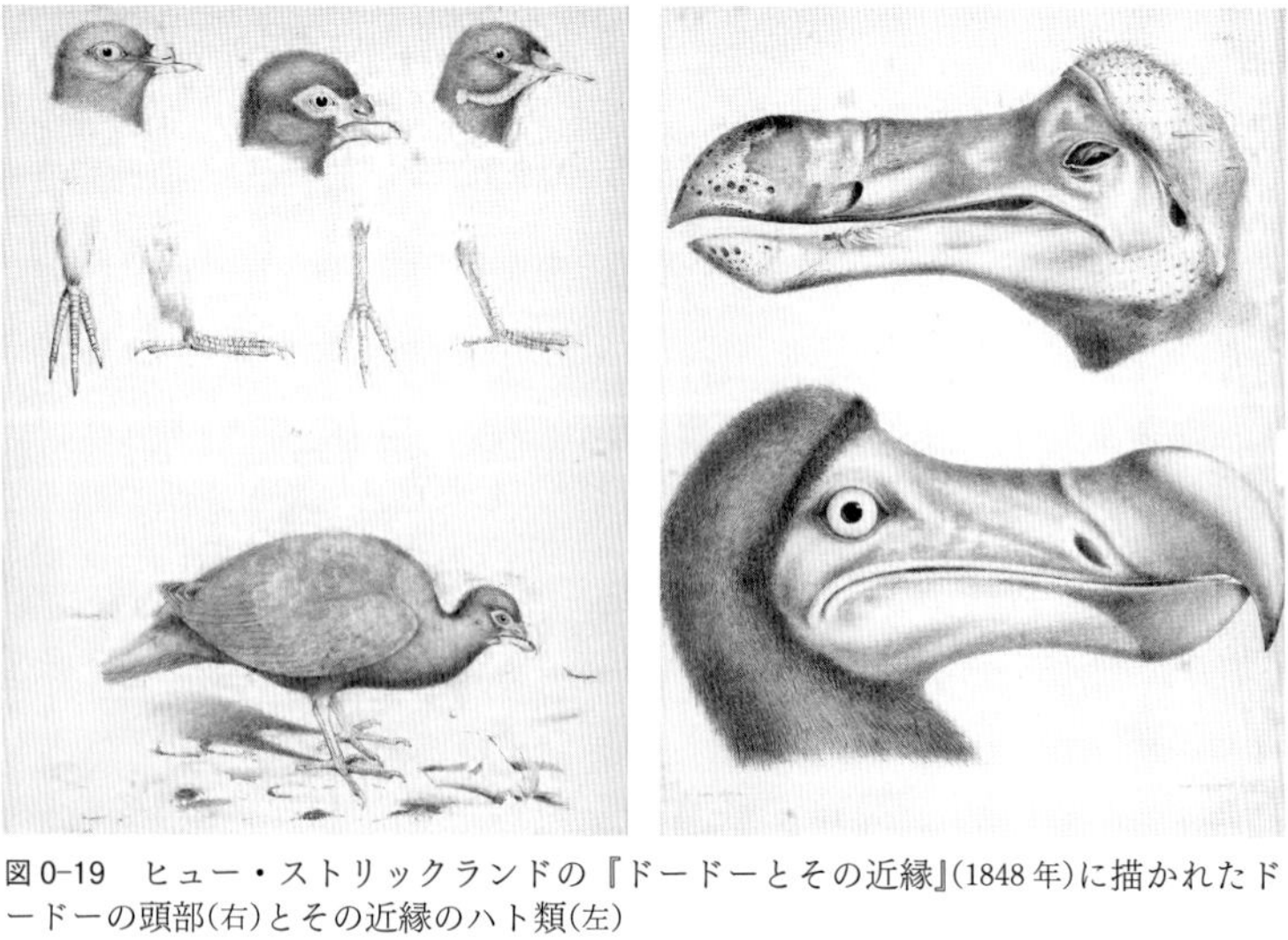

図0–19　ヒュー・ストリックランドの『ドードーとその近縁』（1848年）に描かれたドードーの頭部（右）とその近縁のハト類（左）

そして、第三章ではいよいよドードーがいたモーリシャス島と、もう一種のドードー類、ソリテアがいたロドリゲス島を訪ねよう。

そこで出会ったのは「ドードーがいた環境」の圧倒的なリアリティだった。四〇〇〇年前の様々な生き物が掘り起こされる沼を訪ねたり、新たな発掘地での予備調査に参加することで、自分の中のドードーは野生動物としての確固とした輪郭を持つようになった。さらに騒々しいまでの生き物の賑わいの中の一部だと感じられるようにもなった。

ドードーを知ることは、もはや、かつてともにモーリシャスを闊歩していた二種類の巨大なゾウガメや様々な絶滅鳥類がいた時代をまるごと思い起こすことでもある。豊かな体験でありつつ、胸の痛みを禁じえなかった。

日本の進化生物学研究所の創設者で、二〇世紀後半に世界を股にかける活躍をした自然史研究者、近藤典生《のりお》が、一九九三年にモーリシャス島を訪れ、「ドードー・プロジェクト」を立ち上げようとした経緯も、ここで紹介する。近藤は、蜂須賀が深めたドードーと日本の我々の縁を、現代的な意味で掘り起こし、二一世紀につなげた人物だ。

さらに、ソリテアのロドリゲス島へ。モーリシャス島以上の大量絶滅が起きた島であり、ソリテアも絶滅種だ。詳しくは後で述べるが、姿かたちだけでなく行動面でも魅力的な鳥だったとされる。ドードーに比肩すべき存在だったことは間違いない(図0-21)。

こんな堂々めぐりをしながらも、本書の基本的な目標は、我がドードー体験を共有していただき、

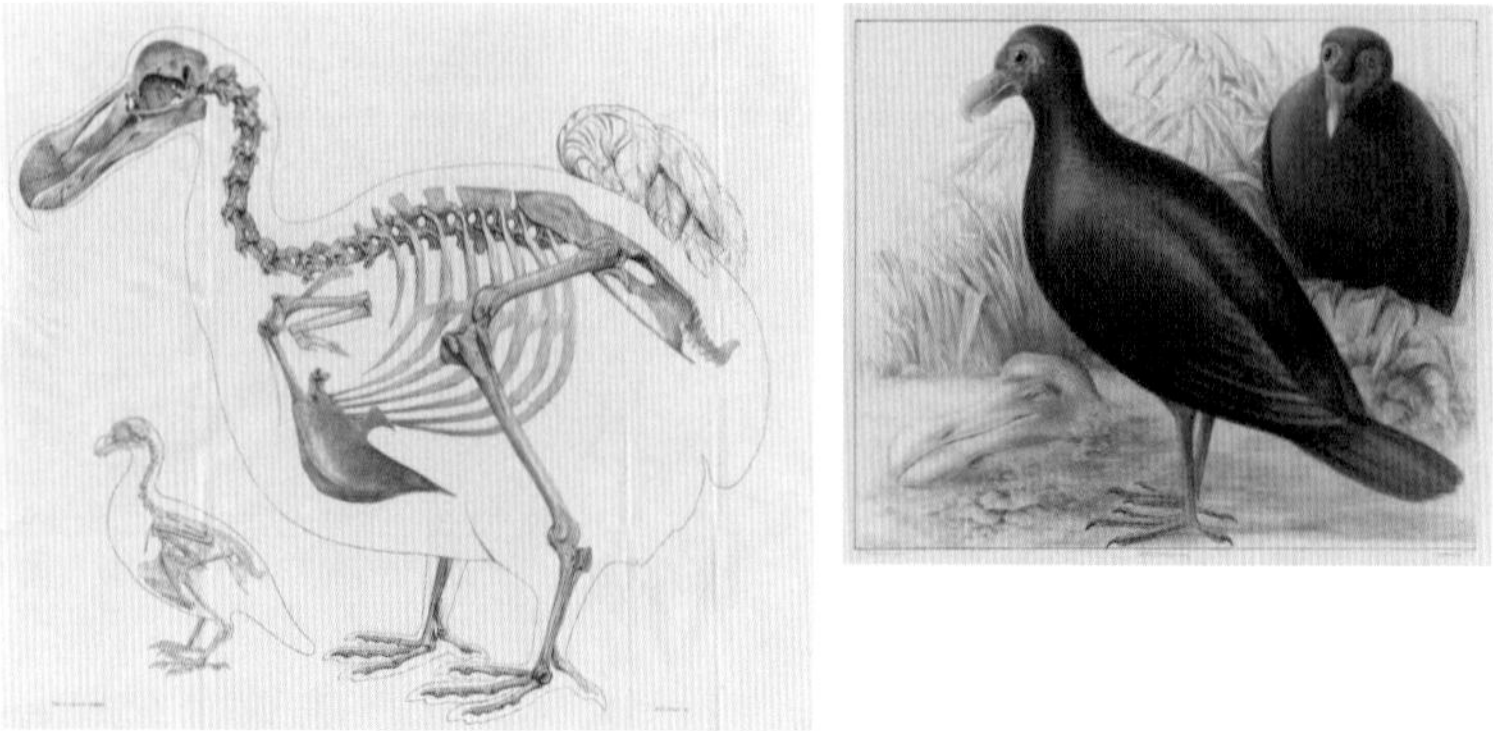

図0–20　リチャード・オーウェンの『ドードーについての研究報告』(1866年)に描かれたオオハシバト(右)とオオハシバトとドードーの全身骨格(左)

図0–21　ジョルジュ＝ルイ・ルクレール・ド・ビュフォンの『一般と個別の自然誌』(ソンニーニ版，1801年)で描かれたソリテア(上)とドードー(下)

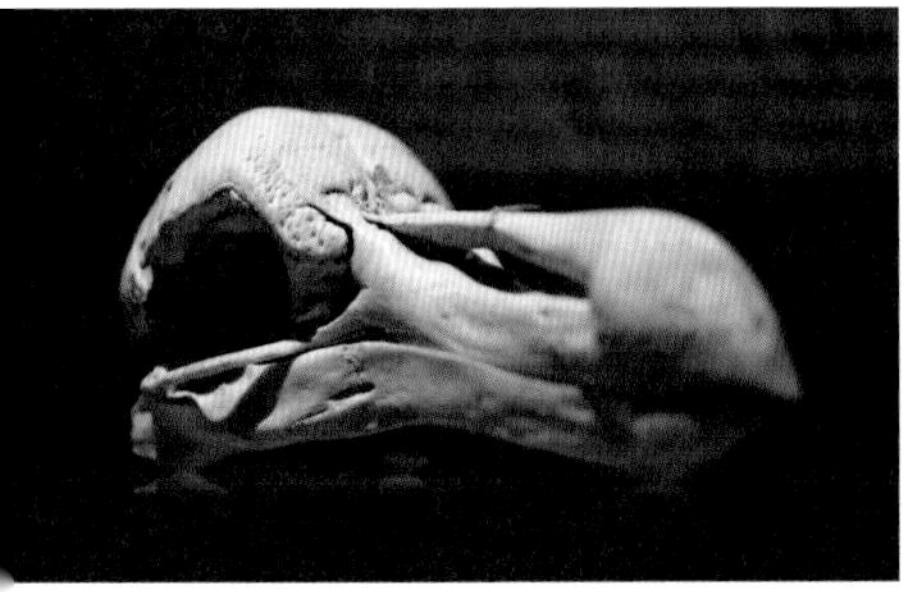

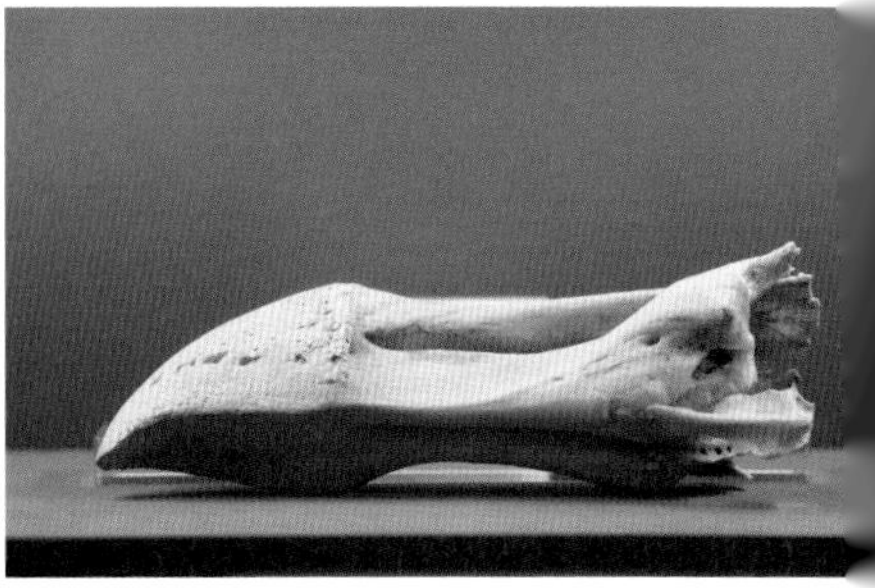

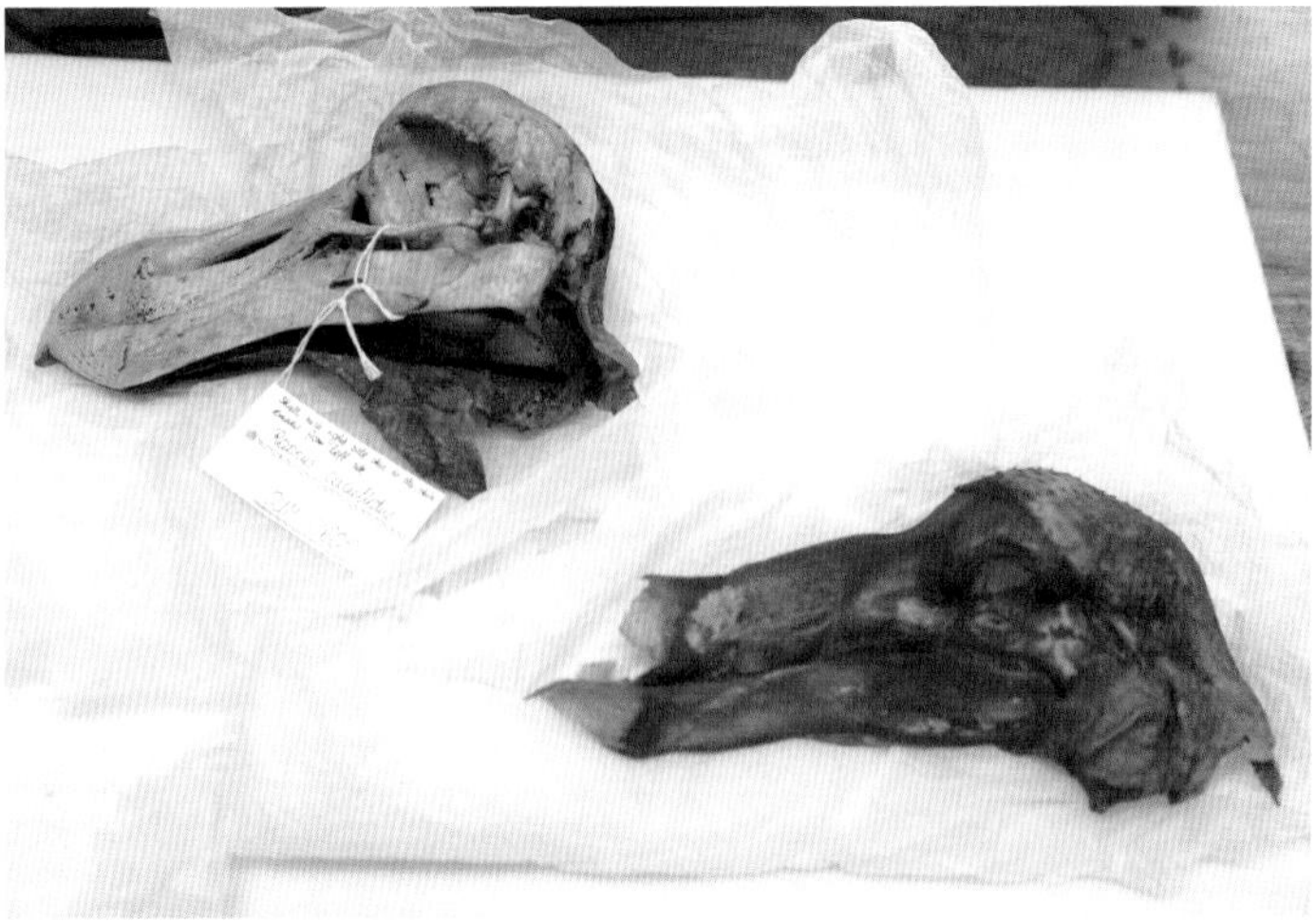

図0-22　17世紀に生きていたドードーに由来する3標本．「プラハのクチバシ」(右上)，「コペンハーゲンの頭部」(左上)，「オックスフォード・ドードーの頭部」(中)と「脚」(下)

同好の士を増やすこと、である。

そして、その果てにある野望とは——

「日本に来たドードーの再発見」だ。

第二章で紹介するプラハ、コペンハーゲン、オックスフォードの三標本は、一七世紀の野生個体由来で今も残されているもののすべてだ。「プラハのクチバシ」「コペンハーゲンの頭部」「オックスフォードの頭部と脚(皮膚付き)」(図0-22)。これらたった三点だけが、一七世紀に生きていたドードーに関する直接証拠なのである。もしも将来、日本のどこかから「出島ドードー」の骨が出てきたなら、四点目として加わることになる。それがいかに特別なことか!

もちろん、たやすい話ではないことは分かっている。それでも可能性はゼロではない。まずは、少しでも関心のある方々に楽しんでいただきつつ、日本においてドードー好きの素養がある人たちに注意喚起し、探索する「目」を増やしたい。

この本を手に取ってここまで読むモチベーションがある人ならば、楽しめることは保証する。「出島ドードー」を探すつもりが、「絶滅」をめぐる探究をすることになり、日本史と西洋史、博物学と生物学の間を行き来し、さらにはドードーという鳥に貼り付けられてきた様々な想念と驚異《ワンダー》を受け止めることになった我が堂々めぐりを、ぜひ一緒に体験してほしい。

そして、読み終えた時、自分がさらにドードー好き《ドードロジスト》になってしまったと自覚したならば、もう仕方がないので、一緒に堂々めぐりし続けましょう! これはそのような性質の物語である。

第一章

日出づる国の堂々めぐり
——正保四年のドードー

1　一六四七年、ドードーの年

ドードーの来日を知る

二〇一四年三月の夜、ぼくは南米の絶滅動物ミロドン、つまり地上性の超巨大なオオナマケモノについて調べようと、イギリスのロンドン自然史博物館のサイトを閲覧していた。

オオナマケモノは人類が南北アメリカ大陸に進出した後に姿を消したもので、人類の進出によって絶滅したとされる。その一種であるミロドンは、乾燥した洞窟の奥から、骨だけでなく、時々、毛皮まで見つかることがあって、イギリスの作家ブルース・チャトウィン(Bruce Chatwin 1940–89)は、デビュー作『パタゴニア』(一九七七年、邦訳は河出文庫)の中で、祖母が持っていた「ブロントサウルスの毛皮」として言及している。そして、チャトウィンの祖母の所有物と同じ個体に由来すると思われる標本がロンドン自然史博物館に所蔵されているらしい。その時に書いていた文章のために確証を得たくてデータベースを見た後、ふとトップページに戻ったところ、最近アップデートされた記事の中に

「ドードーが日本に旅をしていた」という主旨のものがあると気づいた。

ドードーが来日？　と目を疑った。

記事によれば、ロンドン自然史博物館の研究員が、ドードーが日本に送られ、長崎の出島まで到着していたことを示す論文を発表したという。タイトルは“The dodo, the deer and a 1647 voyage to Japan”(「ドードーとシカ、一六四七年の日本への旅」)で、論文誌“Historical Biology”(『歴史生物学』)に掲載された。著者はリア・ウィンターズ(Ria Winters)とジュリアン・ヒューム(Julian Hume)の二人だった。

リア・ウィンターズは、画家で歴史家で、アムステルダム大学の図書館員でもある人物。オランダ、デン・ハーグの国立公文書館に保存されている歴史資料を探索する中で、出島の「商館長日記」などから一六四七年に日本にドードーが来ていた記述を見つけ、ドードー研究の中心人物でもあるロンドン自然史博物館のヒュームと一緒に論文を書いたという。

アブストラクトを雑ではあるが訳してみる。

モーリシャス諸島の象徴的な鳥類ドードー(*Raphus cucullatus*)については、ほかの絶滅鳥類よりもはるかに多くの言葉が費やされてきた。一般にもよく知られているにもかかわらず、モーリシャス島から持ち出された標本は数羽にすぎない。一六二六年と一六三八年に一羽ずつ、生きたドードーがヨーロッパにもたらされ、さらに、一六二五年にはインドに少なくとも二羽が生きて到着していた。それらの他には、曖昧な記録があるだけだ。しかし、本論文において、私たちは、一七世紀の文書に基づいて、一六四七年、生きたドードーが日本に送られていた証拠を提供する。

これは、捕獲されたドードーの最後の記録である。その長く困難な旅路についても述べる。驚いた。チャトウィンのオオナマケモノを一時棚上げにして、読みふけった。

本節ではまず、ウィンターズ&ヒュームの論文(以下、「論文」と表記)に書かれていることを、日本語の情報にアクセスしやすい者として周辺知識を補足しつつ追ってみる。

大航海時代の「尻尾」と江戸時代の始まり

まず、一六四七年とは、どんな時代だったろうか。

ヨーロッパの歴史としては、一五世紀なかばからの大航海時代にかろうじて含めるらしい。一七世紀になっても続いた大航海時代の「尻尾」のような時期だといえるだろうか。

「バルトロメオ・ディアスの喜望峰回航」(一四八八年)、「クリストファー・コロンブスのアメリカ到達」(一四九二年)、「ヴァスコ・ダ・ガマのインド航路開拓」(一四九八年)、「フェルディナンド・マゼランの艦隊による世界一周の成功」(一五二二年)などは一五世紀から一六世紀前半のことだから、一七世紀の時点では、すでに主要な航路は発見されていた。海洋進出では後発国だったオランダは、一五九八年、「ファン・ネック提督が率いる艦隊の探検航海」でインドネシアとの交易を成功させ、一六〇二年にはオランダ東インド会社を設立、植民地経営に乗り出した。(1) そして、ファン・ネック艦隊が寄港したモーリシャス島にてドードーがはじめて記録され、ヨーロッパに紹介されることにもなった。

一方、日本はどうか。江戸時代初期、三代将軍、徳川家光の時代である。一六二三(元和九)年から一六五一（慶安四）年が家光の在職期間だ。

幕藩体制の確立期であり、例えば、参勤交代の義務化など、江戸時代といえばイメージするような社会制度・統治制度が次々と導入されている。一六三七〜三八（寛永一四〜一五）年の島原の乱の後、一六三九（寛永一六）年のポルトガル船入港禁止をもって、その後二五〇年間続く、いわゆる「鎖国」が完成したとされる。欧州勢で唯一交易を認められたオランダも、一六四一（寛永一八）年より、平戸から出島へと商館を移し、「出島ドードー」の舞台は整った。

江戸幕府の長く続く仕組みを確立した徳川家光の治世は、後期になるほど盤石になったと思われがちだが、実は、一六四二（寛永一九）年前後から大飢饉が続き、一六四四（正保元）年には中国大陸で明が滅び、満州族（清）が進出するなど、内外に大きなうねりがある時期でもあった。

ドードーが日本に来たとされるのは、そのような時代であったことを念頭に置いておこう。

「ラスト・ショーグン」の孫が可能性を指摘していた

「論文」では、ドードーが日本に来ていたという発見の前史にあたる部分に言及されており、ドードー研究の世界では超有名人である日本人 "Masauji Hachisuka"、つまり、蜂須賀正氏（一九〇三―五三）が登場する。(2)

蜂須賀正氏は旧徳島藩主蜂須賀家の第一八代当主で、「ラスト・ショーグン」徳川慶喜（一八三七―一九一三）の孫である。「大名華族」、政治家、鳥類学者、探検家、飛行機オーナーパイロット、エッセイスト……と様々な側面を持つが、中心的な関心として、生涯、鳥類研究に情熱を抱いていた。ドードーについては、博士論文をもとに没後に刊行された"The dodo and kindred birds: or the extinct birds of the Mascarene Islands"(H. F. & G. Witherby, 1953.『ドードーと近縁の鳥、あるいはマスカリン諸島の絶滅鳥類』)が、ドードー研究の古典として今も引用されている。日本では、唯一、山階《やましな》鳥類研究所が所蔵しているドードーの標本は、蜂須賀が寄贈したものだ。

その蜂須賀が、この一九五三年の書籍の中で「ドードーが日本に来ていた可能性」を論じているのである。その内容はというと――

一六四七年、オランダ領インドネシアのバタヴィアにあったオランダ東インド会社の総督が、日本のオランダ商館長ウィレム・フルステーヘン(Willem Verstegen 1612頃–59)に対して、「ドードーを送る」という内容の書簡を記しており、その「控え」が、オランダのデン・ハーグにある国立公文書館に現存している、というものだ。そこにあるのは"doddaers vogel"という表記で"doddaers"が「ドードー」、"vogel"は「鳥」を意味する。

ドードーの生息地だったモーリシャス島は、オランダ船がアジアに来る際の中継点であり、途中でドードーを載せてきても不思議ではない。事実、オランダ船はしばしば動物を伴って来日した。

蜂須賀は、この書簡に言及した上で、「当時の日本において、ヨーロッパの船が来たのは長崎が最も確からしい。そこで、長崎図書館のMr. R. Masudaに問い合わせたところ、ドードーについてのいかなる情報も追跡不可能と回答があった」と報告した。

そして、日本人である蜂須賀が調べても分からなかったのだから、この件はきっと「迷宮入り」だろう、と多くの関係者が思ったまま、半世紀以上が過ぎた。二〇一四年の「論文」の著者の一人である当のヒューム自身も、二〇〇六年の時点でドードーの歴史を振り返った論文では「バタヴィアから日本へと生きたドードーが送る準備がされていたが、それが実行されたのかどうかは今となっては確かめようがない」と書いている。(3)

しかし、それが確かめられた！　というのが、今回の発見だ。

「商館長日記」や会計帳簿に記される

さて、「論文」によると、オランダ商館長が代々、書きつないだ“daghregister(日記)”、“facturen(目録)”、“negotie journaal(会計帳簿)”といった文書の中にドードーが記載されていた、という。蜂須賀が長崎県立図書館に問い合わせても分からなかったのも当然だ。ドードーの受け取り手は、日本人である前に、まずは現地の東インド会社の社員だったわけで、その記録は日本の図書館ではなく、本国に回収されて保管されていた。

最も重要な文献である「商館長日記」(daghregister)の書き手は、商館長フルステーヘン。彼が所属するオランダ東インド会社が派遣したヨンゲン・プリンス(Jongen Prins)号が長崎にやってきて、それを受け入れるところから話が始まる。この船には次期商館長であるフレデリック・コイエット(Fredrik Coyet 1615頃–87)が乗っていた。フルステーヘンにとっては自分がバタヴィアに帰任する時に使う船でもある。

「論文」では、ヨンゲン・プリンス号がやってきた一六四七年八月二九日からフルステーヘンの日記を日毎にまとめたり、ときには訳出して引用している。以下、その時系列に沿って紹介するが、逐語的に訳して示す場合は「論文」からの重訳ではなく『日本関係海外史料　オランダ商館長日記　譯文編之十』(東京大学史料編纂所、二〇〇五年)の訳を採用する(利用した日付ごとに「史料編纂所」と明示する)。この邦訳が「論文」よりも早く成されていることについて違和感を抱く人も多いかと思うが、それについては後ほど述べる。

八月二九日　ヨンゲン・プリンス号が出島から見える。町奉行に次期商館長であるコイエットの上陸を願うが、忙しくて翌日になると言われる。
八月三〇日　ヨンゲン・プリンス号は港の外に停泊したまま。コイエットが上陸。
八月三一日　二、三日で入港できるだろうという見通しを町奉行から伝えられる。
九月一日　コイエット閣下の所持品の箱と生きた動物たち(「論文」注・ドードーを含む)を陸に上げてよい、という許可を得て、それに喜んで従った。(史料編纂所)

この時、船に載せた物品の「目録」と「会計帳簿」の双方にドードーの記述があるというのが、ウィンターズらの最初の大きな発見だ。

いずれの箇所でも、ドードー(dodeers.　バタヴィアからの「書簡」では doddaers で、綴りが違うことに注意)は他の一般的な荷物とは別枠として扱われている。同じ扱いをされているのは、ドードーを含めて三点で、「目録」には、“1 wittehinde, 1 dodeers, 1 pedropork(ongetaxeerd)”と記されている(図1-1)。英語に直すと、“1 Whitedeer, 1 Dodo, 1 Bezoar(Unvalued / Priceless)”だ。

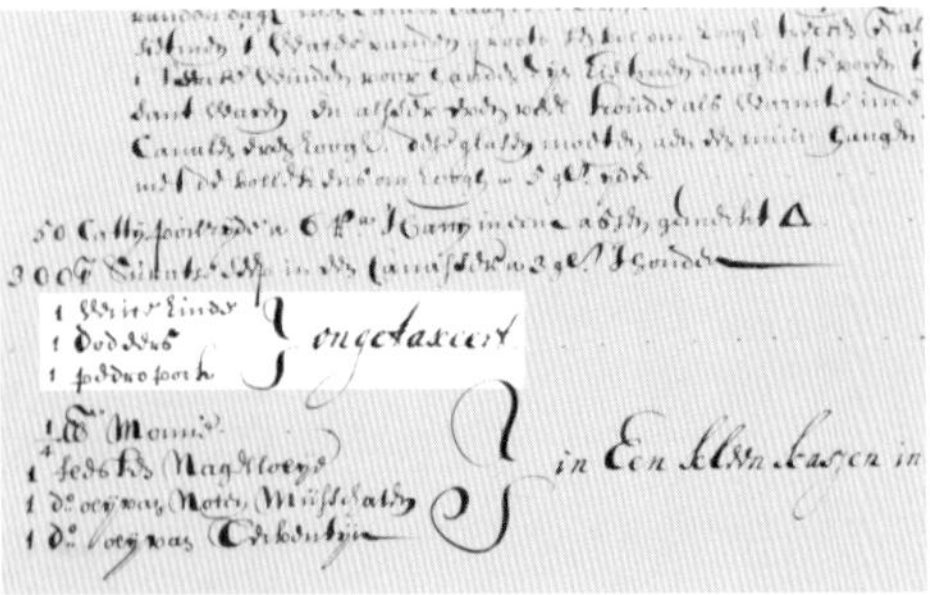

図 1–1　「目録(facturen)」. 協力：Dutch National Archive

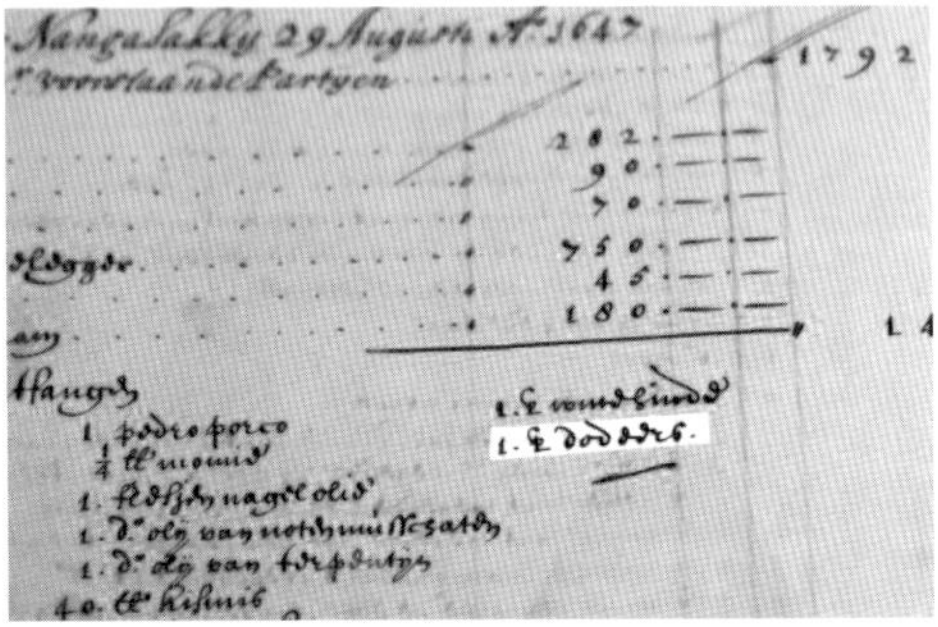
図 1–2　「会計帳簿(negotie journaal)」. 協力：Dutch National Archive

“1 Whitedeer”、つまり、一頭の白いシカは、この記述だけではどういう種類か分からない。もしも、インドネシアのものだとすれば、まずジャワ島ならルサジカ(*Rusa timorensis*)、周辺も見ていくならサンバー(*Rusa unicolor*)といったあたりが候補になるだろうか。白いシカは日本では珍重されるものなので、送られてきたのだと推察される。

“1 Dodo”は、我らがドードーだ。

“1 Bezoar”、ベゾアールは、動物の胃《い》石《せき》・結石のようなもので、薬効があると信じられた。どんな動物のものなのか記述はないが、一般にはヤギのものが知られる。

これらが、値段の付けられないもの(ongetaxeerd＝Unvalued / Priceless)とされている。もう一方の「会計帳簿」の方にも、シカとドードーが挙げられて、例外的に値段が記入されていない(図1–2)。つまり、商取引の材料というよりも、むしろ、高い地位の人に贈る目的だったと考えられる、と「論文」では述べている。

様々な有力大名が関わる

日記をさらに進む。ここからは、オランダ商館側だけでなく、日本側の様々な登場人物があらわれる。簡単に紹介しておこう(役職などの日本語表記は史料編纂所に従う)。

まず、「知事」とは長崎奉行のことで、当時は旗本の馬場利重(生年不詳―一六五七。三郎左衛門とも表記)と山崎正信(一五九三―一六五〇。権八とも表記)らの二人体制だった。

「博多の領主」、つまり福岡藩の黒田忠之(一六〇二―五四)も登場する。黒田官兵衛の孫で、江戸時代の三大御家騒動、いわゆる黒田騒動を引き起こした当人だが、島原の乱での武功を認められ、佐賀藩鍋島家と一年交代で長崎警備の任に当たる幕命を受けていた。

「筑後殿」は外国商船の取り締まりとキリスト教禁制策を指揮していた大目付、井上政重(一五八五―一六六一)のことだ。現在の東京都文京区小日向にあった切支丹屋敷の主であり、下総高岡藩の藩祖だ。遠藤周作の小説『沈黙』の主要人物として知る人も多いだろう。この日記のこの局面で登場する人物としては最も幕府側の立場にあり、「閣下」とも呼ばれている。

「松平隠岐守」は松山藩の松平定行(一五八七―一六六八)を指す。徳川家康の甥に相当することから幕府の信頼も厚く、福岡藩と鍋島藩の長崎警備を監督する役割、長崎探題の任に就いていた。

このような有力大名を含む人たちがなぜ、この時期に長崎に集っていたかという事情については後で立ち返る。日本史としては実は「ドードーどころではない」事件のさなかだったのだが、ドードー史をたどる「論文」はあくまでドードーに焦点をあわせて引用やまとめを続けていく(ここでは「　」内は史料編纂所注、【　】内は引用者注。(　)は原文通り)。

九月二日　知事の求めにより、鹿とドードー鳥は、見物のため、役所へ［連れて行かれ］、それから再び戻された。その後、夕刻近く、博多の領主が両知事と大人数の配下の一団とともに、ただ前述のものをさらに詳しく見るために、島に現れた。彼等は相当満足して、その鹿はもし博多の領主が求めれば［それに応じて］遣わすように、等々と命じた。（史料編纂所）

九月三日　ヨンゲン・プリンス号が、ボートにひかれて入港。

九月五日　他の荷物が下ろされる。

九月六日　大きな地球儀が筑後殿に見せられ、それは殊の外満足を与え、差し当たり再び返された。すべての珍奇の品は倉庫の中にしまい込まれたが（略）博多の領主は、知事によって白い鹿［の入手］を認められ、［彼は］その価格を尋ねさせた。（略）この鹿はつまらないものに過ぎないが、贈物としては［閣下は］受け取るつもりがないので、その価格を、町長と通詞たちなどの是認のもとで、一両すなわち四マース三コンデリンにしたのである、と［伝えた］。（史料編纂所）

九月七日　大きな地球儀は筑後殿の命令で取り出され、一羽の鸚鵡【オウム】は、事前に通詞を介して知事に求めてあったそれについての許可、それは三両［の価格］に決めることを是認するものである、を以て閣下に送られた。（略）前述の鸚鵡はひとまず我々に（略）再び返された。（史料編纂所）

九月八日　正午過ぎに知事の命令によって、前述の鸚鵡はさらに何羽かの到着した鳥とともに、皇帝【将軍を指す】の血縁で四国島の四つの州の領主である松平隠岐様に届けられた。それについ

ては我々には（命令に従う）外はなく、逆らうことはできなかった。（史料編纂所）

その後、一〇月三日にはフルステーヘンがヨンゲン・プリンス号に乗って出島を去り、新しい商館長のコイエットは江戸参府へと向かった。江戸へは一二月三日に到着している。

結局、九月二日、「博多の領主」黒田忠之に白いシカとドードーを見せてから後、白いシカを購入する話は出たものの、ドードーについては一切、言及がない。「松平隠岐様」松平定行に贈られた「鸚鵡《オウム》」と「さらに何羽かの到着した鳥」が気になるが、さすがに前に名指しで言及されたドードーがここでいきなり「何羽かの鳥」（のうちの一羽）になってしまうのは不自然だろう。また、「筑後殿」井上政重が所望していたオウムが、結局、松平定行に渡ったことも気になる。オウムを失った井上が他のものを望んだりはしなかったか……。

結局、ドードーはどこに行ったのだろう。「論文」では、こんなふうに結論する。

「ドードーは、売られたか、誰かに贈られたか、江戸の幕府へと旅立ったかもしれない。しかし、倉庫に戻されたり、そこで死んでしまった可能性も同じくらいある。ドードーの存在を記す日本の文書証拠が見つからない限り、記録された中で最後に捕獲されたドードーのその後を知ることはできないだろう」

つまり、今後の展開は日本側にボールを投げられた格好だ。

日本のドードーはどこへ行った

二〇一四年、「論文」を読んだ直後、著者の一人、ジュリアン・ヒュームに連絡を取った。そして、まずはメールで、同年中にはロンドン自然史博物館で面会して、相談することができた。「出島ドードー」のその後を追跡したい。ぼくは日本のことは、あなたよりも少しはよく知っているはずなので、一緒に考えよう。このような訴えかけに、彼が応じてくれたのである。

ヒュームと議論して、日本のドードーの行方として検討すべき可能性を次のように箇条書きした。

- もともとドードーではなかった。
- コイエットの江戸参府の際に同行した。
- 福岡の黒田忠之に売却された(とされる)白いシカのように、誰かに売却された。
- 松山の松平定行に贈られた「何羽かの鳥」に入っていた。
- 筑後殿こと井上政重が手に入れた。
- 出島で死んでしまった。
- その他。

一つめの「もともとドードーではなかった」については、「モーリシャス島固有の飛べないクイナ、モーリシャスクイナ(*Aphanapteryx bonasia*. 絶滅種)をドードーと呼んだのではないか」という可能性を、ヒュームはすでに検討していた。

しかし、モーリシャスクイナはニワトリ大で、あまりにサイズが違う上に（ドードーの方がはるかに大きい）、モーリシャスクイナが減ったのは一六九〇年代なので、一六四〇年代にはありふれており「値段がつけられない別格の品」というわけではなかっただろう——というのが、ここでの結論だ。

では、本当にドードーだったとして、可能性がありそうな行き先はどこだろう。

通常ルートで考えれば、江戸参府に連れて行かれ、将軍に献上された、というのが最有力候補だ。あるいはなんらかの理由でそれが果たせなかった場合、贈られたり、売却されたりする可能性があるのは誰だろうか。また、出島で死んでしまったというのも大いにありそうな結末だ。

そういったことを念頭に、ぼくは日本での予備的な調査を行うことを約束した。

2　到着前夜

七六年前に知り得ていた！

オランダ船によって出島にもたらされた珍奇な動物は、しばしば江戸に連れて行かれ、将軍に献上された。ドードーもそのために連れて来られたと考えるのは、文書には明示されていないけれど一定の合理性を持つ。

では、実際に江戸へと旅立ったのか。それを知るために、あえてドードー来日の前年、一六四六（正保三）年に当時の商館長フルステーヘンが江戸参府にて残した記録をたどるところから始めたい。それによって、オランダ商館による珍奇な動物の扱いや、幕府の受け止め、さらにその翌年にドードーがやってきた際の状況を概観できるはずだ。そして、後任者のコイエットが書きつないだドードー来日後の日記まで合わせて確認すればその行方のヒントが見つかるかもしれない、という目論見だ。

幸いなことに、オランダ商館関連の史料は、日本国内ではすべて東京大学史料編纂所に集積されており、『オランダ商館日記』の編纂・訳出作業が一九七二年から続けられている。(4) 前節で、「論文」の中に引用された「商館長日記」の文章を、英語からの重訳ではなくオランダ語からの訳として引用できたのはそのおかげだ。二〇〇五年刊行の『日本関係海外史料　オランダ商館長日記　譯文編之十』と二〇一一年刊行の『同　譯文編之十一』でカバーされるのが、ちょうどドードー来日の前後にあたる年代で、ドードーが来た正保四年九月を収めているのは前者『譯文編之十』の方だ。

さて、ここで考えてほしい。『譯文編之十』の刊行は二〇〇五年である。一方、ウィンターズ&ヒュームの「論文」が世に出たのは二〇一四年三月で、デン・ハーグの公文書館において、ウィンターズが「商館長日記」の中に“dodeers”の文字列を見つけたのは、二〇一三年末のことだったという。つまり、その八年も前に、日本語ですでに「ドードー」と書かれた翻訳が成っており、絶滅動物に関心を持つ日本語読者は、目の前に驚くべき事実がありながら、気づいていなかったことになる。この日記を翻訳したグループは、“dodeers”がドードーのことであると調べて訳出したはずだが、たぶん、これがどれほど驚くべき情報なのかは気づかなかった。

もっとも、編纂とは、オリジナルの文書(しばしば手書きだったり、現代人には読み難い書体だったり、異本があったりする)を、将来、その文書にアクセスする人々の様々な関心を受け止められる形でしっかり残すための作業だ。割いている労力の方向性が違う。だから、今、関心を持ってアクセスした我々

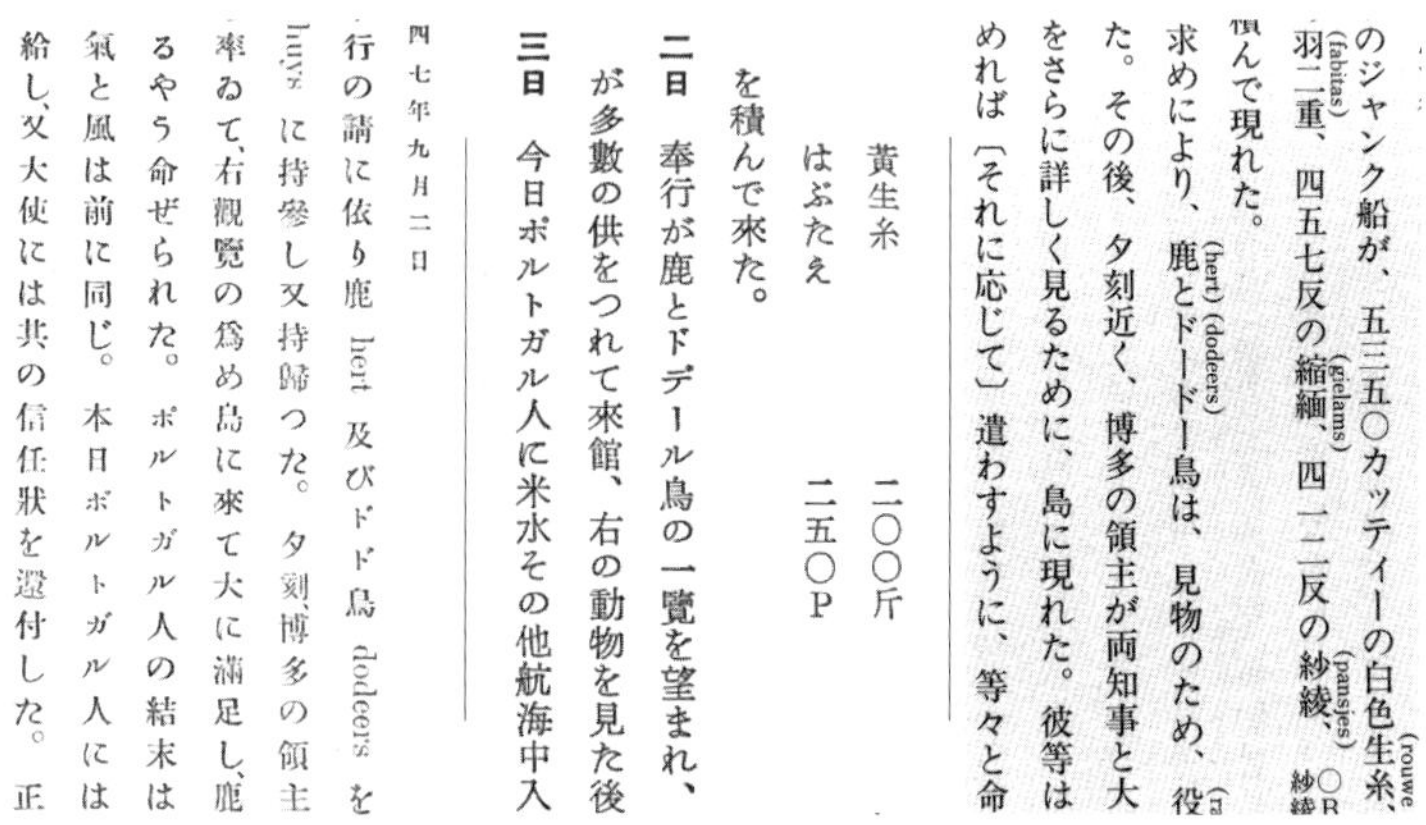
のジャンク船が、五三五〇カッティーの白色生糸《(rouwe》、〇R
羽二重《(fabitas)》、四五七反の縮緬《(gielams)》、四二二反の紗綾《(pansjes)》、
積んで現れた。
求めにより、鹿《(hert)》とドードー鳥《(dodeers)》は、見物のため、役
た。その後、夕刻近く、博多の領主が両知事と大
をさらに詳しく見るために、島に現れた。彼等は
めれば〔それに応じて〕遣わすように、等々と命

黄生糸　二〇〇斤
はぶたえ　二五〇P
を積んで來た。
二日　奉行が鹿とドデール鳥の一覧を望まれ、
が多數の供をつれて來館、右の動物を見た後
三日　今日ポルトガル人に米水その他航海中入

四七年九月二日
行の請に依り鹿 hert 及びドド鳥 dodeers を
huys に持參し又持歸つた。夕刻、博多の領主
率ゐて、右觀覽の爲め島に來て大に滿足し、鹿
るやう命ぜられた。ポルトガル人の結末は
氣と風は前に同じ。本日ポルトガル人には
給し、又大使には其の信任狀を還付した。正

図1-3　文明協会版(1938年)の「ドド鳥」(左)，岩波書店版(1957年)の「ドデール鳥」(中)，東京大学史料編纂所版(2005年)の「ドードー鳥」(右)．何度もドードーに気づく機会があったが……

がそこで正しくドードーに出会ったなら、編纂の仕事は大成功だ。ここは地道で根気強い編纂者たちの仕事に感謝すべきところだ。

それにしても、不思議な感覚を抱く。幻想物語の世界の生き物に近いように思えるドードーが、「わたしたち」の歴史の一部だと、しっかりと一次史料で言われているわけだから。

実は、「商館長日記」のさらなる先行訳があることをこの時点で知った。一九五七年に刊行された『長崎オランダ商館の日記　第二輯』(村上直次郎訳、岩波書店)では「ドデール鳥」、さらにそれ以前、一九三八年の『出島蘭館日誌　中巻』(村上直次郎訳、文明協会)では「ドド鳥」と訳出されている。つまりは「論文」の七六年前には、日本では誰でも見つけられる状態になっていたのである(図1-3)。

見つけたいものを持たずに読んでいるとスルーしてしまう、ということでもあり、今後の「ドードー探求《クエスト》」においても、肝に銘じたいと思う。

そして、その精神を持ちつつ、東京大学史料編纂所の訳文を、「論文」の前後も含めて読んでいこう。すると、日本史の「常識」を持たない欧州の研究者が見逃したことも明らかになるかもしれない。

フルステーヘンと江戸参府——まるで移動動物園

ドードーが来日した時の商館長フルステーヘンは、オランダ・ゼーラント州(Zeelandは、「海の国」の意)の生まれだ。二〇歳頃だった一六三二年に東インド会社職員として日本の平戸商館に赴任し、三九年まで滞在した。一六四六年から四七年の一年間は彼にとって二度目の日本滞在で、商館長としての重責を担った。

フルステーヘンは、一度目の在任中の一六三五年、日本近辺にあるとされる金銀島を探検するべきとの進言をバタヴィアの総督に行った人物としても知られる。これを受けて二度の探検隊が組織され、二度目の一六四三年の隊のうちの一隻ブレスケンス号が、途中で航路から外れて盛岡藩領の山田湾に二度にわたって入港、乗員一〇人が捕縛される事件を起こすきっかけとなった。これが幕府の不興を買い、一六四七年の「出島ドードー」の運命にも関わる歴史の「ゆらぎ」をつくり出す一因になった。

フルステーヘンは、本節でさしあたり関心のある一六四七年の前の年、一六四六年一〇月二八日(日本の暦では、正保三年九月二〇日)から、まさに問題の核心である一六四七年の一〇月一〇日(同、正保四年九月一三日)までのほぼ一年間、商館長としての日記を残している。

その前半の記述は、華やかな江戸参府に費やされる。出島から大坂までは海路で、大坂からは陸路で江戸に向かう中、動物についても折にふれて語られている。大坂出立の日以降、陸路の記述で、特に言及が多い。

一六四六年一二月一八日　日の出の一時間前、我々は以下のように街道へ出、大坂を発った。すなわち、最初に二頭の駱駝が二人の人間に牽かれ、木製の鳥籠に入った一羽の火喰鳥、二羽の鸚鵡、一頭の麝香猫、大きな透視箱一つ、そして小型薬品箱、蒸留酒等さらに他の多くのもの（略）。

同月一九日　京にて（略）麝香猫が死んだ。しかしそれは塩漬けにされ、上へ運ばれねばならない。

同月二三日　岡崎・藤川・赤坂（略）夕刻、駱駝は歩くことに全く慣れず、そのためかなり疲労し、完全に病気であるように見えるので、彼等を牽く二人の使用人と、世話をするためのもう一人の馬の監督とともにここ（○赤坂）に一日残して、無理をせず、できるだけ早く後を追わせるのが良いと判断した。

大坂を出た時点で、同行していたものとして言及される異国の動物は、二頭のラクダ（駱駝）、一羽のヒクイドリ（火喰鳥）、二羽のオウム（鸚鵡）、一頭のジャコウネコ（麝香猫）。これらの四種だ。ラクダは人との関わりが密接な動物だから、なんらかのルートで商業的に手に入っただろうし、オウムも愛玩用として当時から売られていただろう。ヒクイドリは、パプア・ニューギニアやオーストラリアの鳥なので、地理的に近いバタヴィア経由で入ってくるのはありそうなことだ。ジャコウネコもインドネシアをはじめとする東南アジアに広く分布するから、入手しやすそうだ。いずれも日本にはいない生き物で、人の目を引きそうな存在だというのが大切な点である。

しかし、江戸参府の長距離移動は、動物たちの負担も大きかったことがさっそく見て取れる。ジャコウネコの死に次いで、ラクダも体調を崩すヒヤヒヤの展開だ。

そして、一二月三〇日、なんとか江戸着。年が明けた一月三日には、遅れていたラクダも元気で到着して一息つき、六日には、江戸城への登城となる。

一六四七年一月六日　日曜日　朝八時頃にすべてが整い、時が来たので、［我々は］以下のような順番で、登城した。黒色天鵞絨【ビロード】で［背を］覆われた二頭の駱駝が先行し、その［各々の］轡と手綱は二人の者に牽かれ、それに続いて、六人で担がれた木製の籠の中に止まっている火喰鳥一羽、ともに二人で［担がれた］上部も脇も両方に密に銅製の針金の網を張った大型の鳥籠の中に［いる］二羽の美しい白い鸚鵡が（略）。

江戸城にはラクダ、ヒクイドリ、オウムを伴っていたことが分かる。将軍に拝謁する前に、大目付、井上政重ら重臣による尋問が行われ、その中では「ベゾアル石」にまつわる問答があった。

問　ベゾアル石（〇胃石。牛黄）とペドロポルクについて、それが何に効き目があり、それぞれどのような効力を備えているのか。

答　医師の言うところによれば、［それは］強心剤として投与され、［他の］多くの薬品と混ぜ合わせると、毒に対する特別な治療薬となる。

「ベゾアル石」は、同年の九月、ドードーと一緒に日本にやってきて「値段が付けられないもの」として記載されたものの一つだ。オランダ側が「値段が付けられないもの」を将軍への贈り物に使っていたことの傍証となるだろう。

さらに、将軍への拝謁においては「皇帝の視野の中に、二頭の駱駝が、黒の天鵞絨で覆われて、頭を引き下げられて、立っていた」とラクダが言及された後で、「鸚鵡たち」が、松平信綱（一五九六―一六六二）ら三人の老中が並ぶ近くに置かれていたことに言及し、それをもって江戸城での動物の記述は終わる。

江戸を去る直前、一月二二日に「筑後殿」（井上政重）と交わしたやりとりの中では、動物ではなく、前述したブレスケンス号事件に関わる話題が出ていることに注目しておこう。

「南部のオランダ人の釈放について、またエルセラックが自分で或いは他の人物が感謝のために特別に［日本に］現れると約束したのだが、実現していない、それについて非常に驚いている（略）南部の［オランダ人たちの］釈放に対する謝意表明についてなされた約束の履行のために、特別の贈物を携えて現れなくてはならない」

エルセラックとは、一六四一〜四二年と一六四三〜四四年の二度にわたって出島の商館長を務めたヤン・ファン・エルセラック（Jan van Elseracq, 生没年不詳）のことで、一六四三年のブレスケンス号事件の際に事後処理にあたった商館長だった。オランダ側はあっさりと許されたと思っており、幕府側は特別に許したのだから謝恩の大使が来るべきだと考えているようだ。

実は、この件が、のちのち「出島ドードー」の行く末にも関係してくる。

最良の献上品進物についての商館長の調査結果

江戸を去るにあたってフルステーヘンは、次のような「最良の献上品進物についての商館長の調査結果」を書き示している。まぎれもない「ドードーの年」のはじめに商館長が示したものだから、格別の重みがある。

「日本人は、非常に好奇心旺盛だが、一つの物にはすぐ飽きてしまう、とりわけ大型の獣については、もし[彼等]自身が当地に連れて来るようにと注文した場合でなければ、もはや不必要である、今回の駱駝たちは特に若い皇帝やその他の人々には、非常に喜ばれはしたが、(略)あらゆる鳥もこれ以上は不必要であると考える。(略)その[参府の]時は、冬の真只中で、非常に寒く、[鳥の死の]危険性が高く、もしそれを[敢えて]我慢したいのでなければ[送るべきではない]。鸚鵡は別で、非常に求められている」

大型の獣はもう、飽きられている。あらゆる鳥も同様。鳥は死んでしまうリスクが高く、割に合わない。ただし、オウムは非常に求められていて、これは別枠。

この分析は、いつバタヴィアに届けられたのだろうか。当時のオランダ東インド会社のルーティンからすると年に一度の行き来のみだったので、ドードーを送る決定には関わっていないはずだ。実際、その年の七月にバタヴィア総督からフルステーヘンへと書かれた書簡(ドードーと一緒に到着)には、「今回はめぼしい動物がいないため、白い鹿とドードーを送る」と書かれており、フルステーヘンの書簡の意見は反映されていないように見える。

長崎にポルトガル船がやってくる

三月、出島に戻ったフルステーヘンは、しばし穏やかな日々を送った。しかし、七月二六日、突如、長崎沖合に現れた南蛮船(ポルトガル船)によって平安を破られる。鎖国体制初期の「長崎有事」として知られる事件だ。

七月二八日　既に、肥後、天草、豊後、有馬の領主は姿を現し、博多の領主が明日多くの船と優に三万の人数とともに当地に［到着すると］期待されている。(略)同日、およそ五万(○異本「一万五千」)の人数が肥前から到着し、噂によれば、二〇〇〇の船とともに十万人かそれ以上の人数が、前述の二隻の［ポルトガルの］船を始末するために呼び集められているという。

七月末日　真夜中に博多の領主筑前殿(○黒田筑前守忠之)が到着した。彼は今この年の当地の番役を皇帝から課されている。知事三郎左衛門殿と他の殿たちと、六時まで相談を行い続けた後、［彼は］再び外へ出た。

たった二隻のポルトガル船でそれこそ夜も眠れぬ大騒ぎになっている。肥後、天草、豊後、有馬、そして博多の領主がすぐに集まり、十万もの軍勢をもって殲滅せんといきりたっている様子が、傍観者であるはずの商館長の日記からもひしひしと伝わってくる。省略するが、この後、八月には薩摩や筑後からも軍勢が到着し、オール九州体制(しかし、それぞれが功を焦る)の状況になっていく。

そして、さらなる重要人物も駆けつける。

八月八日　また、筑後殿と権八殿が、四つの州すなわち四国全島の執政官である松平隠岐殿(〇松山藩主松平隠岐守定行)とともに、前述のポルトガル船の件で当地へ出向くよう命じられた、と噂されている。

八月一三日　正午頃、先に言及した松平隠岐殿が、彼の子息(〇松平定頼)と弟の一人(〇松平定房か)及び多くの人数とともに現れた。

長崎探題・松平定行の登場だ。

徳川体制下での名門中の名門であり、このたびは幕府の大命を受けていた。一般に、長崎探題職といわれ、長崎の警備を指揮する立場としての長崎入りだった。

彼の到着後、一触即発の危機を経つつ、ポルトガル船の来港理由が、侵略ではないことが分かる。まずは、ポルトガルがスペインから独立したことを報告すること、そして、あわよくば通商再開する狙いも透けて見えた。

八月一五日に、湾口を封鎖。ポルトガル船が出られないようにした上で、定行が船上でポルトガル使節団と会談する。八月二九日、江戸より目付役である筑後殿、つまり井上政重が到着。井上も含めた合議を開始。そして、「キリスト教は、とにかく当地では日増しに嫌疑を受けるようになっている（略）来るべき皆殺しの危機を、［彼等は］来航しないことで回避することができる」と今回については使節の助命を決定したのが八月二九日だった。

血腥《ちなまぐさ》い戦闘は回避できた。しかし、長崎に集まった九州四国一円の藩主たちにしてみると、不完全燃焼の事件となった。

ヨンゲン・プリンス号到着

ポルトガル船の処遇が決まったまさにその日の午後に、オランダ船「ヨンゲン・プリンス号」が沖合に現れた。そして、封鎖を一部解いて、湾内に入ることが許された。

船上には、はるばるモーリシャス島から連れてこられたドードーがいた。なんというタイミング！　普段とは比べものにならないくらい高位の藩主たちが滞在している長崎に、我らが「出島ドードー」がやってきたのである。

この時の湾内の様子が、江戸時代後期に描かれたとされる「長崎ニテ黒船囲様之図」（東京大学駒場図書館「大日本海志編纂資料」に所収）に示されている。後年に建設された砲台なども描かれ、時系列がおかしい部分もあるが、本書の文脈では十分な見取り図になっている（図1-4）。

湾は封鎖されていることがまず見て取れる。船を並べてその上に板を渡した上でかたく結びつけて、内湾のポルトガル船を「監禁」する形だ。封鎖の内側でも外側でも、多くの船が出てポルトガル船に

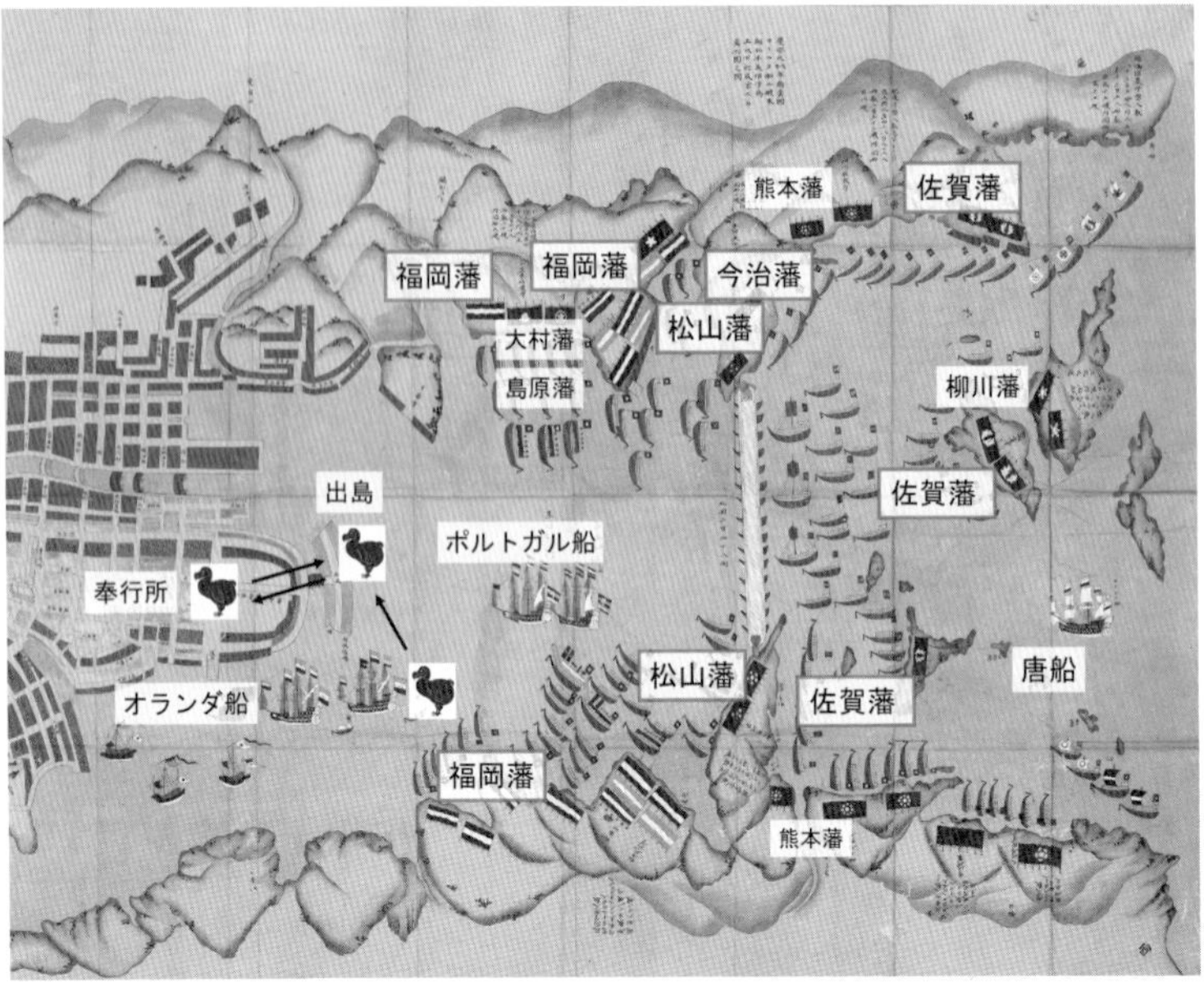

図 1–4　「長崎ニテ黒船囲様之図」(東京大学駒場図書館所蔵)を改変．原図は図 0–6

対して警戒していた。また出島の近くにはオランダ船も描かれている。

その際の各藩の配置が、特徴的だ。長崎の警備役だった福岡藩は封鎖された内湾で、直接ポルトガル船と対峙する位置。一方で、福岡藩とともに長崎の警備を交替で務める佐賀藩は、湾の外側に重点的に配置している。また、松平定行の松山藩と、実弟である松平定房の今治藩は内湾と外湾を隔てる封鎖地点のほど近くに陣取った。この配置のため、湾奥にある出島に気軽に出かけられたのは、まずは福岡藩の黒田忠之であり、それゆえ彼は歴史上、唯一、ドードーを見たと文書に記録される大名になったのかもしれない。

さらにこの地図の上で、ドードーがどんなふうに動いたか想像してみてほしい。「鹿とドードー鳥は、見物のため、役所へ「連れて行かれ」、それから再び戻された」のだから、ごく短い時間でも出島から出て、対岸の奉行所に連れて行かれて「本土上陸」を果たしていたのである。

一六四七年の歴史的事件のさなか、ドードーがここにいたのはまぎれもない史実だ。一触即発の長崎に、あのドードーが遠いモーリシャス島からたどり着いた。そして、生きて呼吸をしていた。ウィンターズの絵画（本書カバー）を振り返りつつ、その奇跡をあらためてしみじみと嚙み締めたい。

3　ドードーは徳川家光に会ったのか？

フレデリック・コイエットの江戸参府

フルステーヘンの日記にドードーが登場するのは、明示的には、九月二日、シカと一緒に「役所」に連れて行かれた際の一度だけだ。その後、「白いシカ」は、博多の領主、黒田忠之に売られることになったと語られているものの、ドードーについては、特段の追加情報はない。

とすると、素直に考えて、ドードーは、江戸参府に伴われていたのではないか。フルステーヘンの江戸行きの日記を読む限り、そのような可能性が強く感じられる。一方で、フルステーヘンが、贈り物としてオウム以外の鳥は不要としたことは、この年の判断に影響した可能性もある。その場合は「連れて行かない」という判断になったかもしれない。

そこで、交代で商館長に就いたコイエットが書きつないだ日記を確認しよう。

フレデリック・コイエットは、ストックホルム出身のスウェーデン人で、一六四三年に東インド会社上級商務員としてバタヴィアに赴任、二期（一六四七～四八年と一六五二～五三年）にわたって出島の商館長を務めた。つまり、一六四七年は日本への赴任の第一期である。

前任のフルステーヘンの江戸参府は、ラクダ、オウム、ヒクイドリ、ジャコウネコ（途中で死亡）を伴っていた。将軍・家光はラクダと対面したわけだが、コイエットの年はどうだったろうか。

最初に気づくのは、コイエットが前任者のフルステーヘンほど筆まめではない、という残念な事実だ。若き日に日本に一〇年間滞在し「知日派」だったフルステーヘンが、好奇心あふれるまなざしを常に周囲に注いで、様々な事象を書き留めようとしたのに対して、コイエットは事務的なメモ以上のものを残そうとしていない。動物についても一切記述がない。

これはある意味仕方がなかったともいえる。コイエットの関心は、まったく別の方面を向かざるを得なかったからだ。

それは――将軍への拝謁はかなうだろうか、だ。

前年のフルステーヘンの時から伏線はあった。ブレスケンス号事件をめぐって、幕府側は将軍の特別な配慮に感謝をあらわす特使の派遣などを要求しており、オランダ側はやんわりとはぐらかすような態度を取ってきた。

そこに起きたのが、ポルトガル船の長崎有事である。九州四国各地の藩主らが集結し、一触即発の危機となったこの件は、本来なら日本対ポルトガルという図式の話であり、日蘭関係に影響を及ぼすものではなかったはずだ。しかし、尋問されたポルトガル船の船長らから、オランダが過去にその船に便宜供与（操舵手などを提供）したことが分かり、幕府の態度が硬化する。

江戸にて、筑後殿、つまり井上政重の屋敷に呼び出され、コイエットは次のように通達された。

「今や三年も前のことになるが、この恩に対し、陛下は今日に至るまで、何の必要な、そしてカピテン・エルセラックによって約束された感謝も受けていない。それに加えて今、ポルトガルの大使の、バタフィアに於いて、当地へ向けて彼の旅を続けるために一人の操舵手と数人の水夫たちが彼に貸与されたとの言(略)これらすべてのことが、陛下にオランダ人に対する疑念を起こさせ、本日、大きな審理の日に、全閣老の出席で、今年は貴下の贈物を何も受領せず、この通知によって長崎へ帰らせること(略)何故なら日本にとってこのことはこれ以上我慢できないからである」(一六四八年一月一六日)

コイエットは拝謁を拒否され、将軍に会わないまま長崎に戻らざるを得なかった。さらに付言しておけば、翌年、後任の商館長ディルク・スヌーク(Dirk Snoek)は、江戸参府自体を拒絶された。

一六四七(正保四)年、ドードーの年の江戸参府にて、コイエットは動物について一切、考える余裕もなかったとしても無理はないのである。コイエットとともに出島入りしたドードーは、江戸に連れて行かれたのかどうか、まったく分からないままだ。

江戸幕府の記録

オランダ商館側の記録ではそのような拒絶だけが記録されているわけだが、日本側の史料はどうか。日本への動物渡来史に関心を持つ人は決して少なくない。動物学・博物学史研究者である磯野直秀(一九三六―二〇一二)が、慶應義塾大学の図書館に保管されていた「唐蘭船持渡鳥獣之図」と出会ったのをきっかけに、多くの史料を参照してまとめた労作「明治前動物渡来年表」(『慶應義塾大学日吉紀要』

二〇〇七年)を見る。(5)

これは六世紀末、推古天皇の時代から幕末までを網羅したもので、江戸時代に関しては、一九世紀に編纂された徳川家の歴史「徳川実紀」やオランダ商館長の「蘭館日記」などを参照している。「ドードー探し」という目的を抜きにしても、じっくり読むと様々な発見があるのだが、ここは「出島ドードー」に近い時期という意味で、一六三〇年代から確認していこう。

一六三二(寛永九)年九月九日　長崎奉行竹中采女正重義、インコ九と孔雀・鶴・毛長猫・麝香猫各一を献上(徳川実紀)。

一六三三(寛永一〇)年九月二四日　長崎より、雀六(外国産小鳥か)・インコ三・猿一を献上(徳川実紀)。

一六三五(寛永一二)年九月二一日　平戸藩主松浦隆信が家光にインコと「かしわり」(=カズワル=ヒクイドリ)を献上(徳川実紀)。ヒクイドリ生鳥のもっとも古い記録か。

「徳川実紀」に記録されるだけでも、インコ、クジャク、ツル、長毛種ネコ、ジャコウネコ、ウマ、ロバ、ヒクイドリといったものが列挙できる。生きたヒクイドリの初渡来というのも見逃せない。では、我々が関心ある四〇年代後半はどうだろう。

一六四六(正保三)年一二月一日　江戸参府の蘭館長、白鸚鵡二・ヒクイドリ一・ラクダ二を献上(蘭館日記)。一〇〇〇年ぶりで来たラクダは、翌正保四年二月一八日、松平万千代と松平三左衛門に下賜された(徳川実紀)が、以後の消息は不明。

これはまさにフルステーヘンの江戸参府の際の記録だ。ラクダの渡来が一〇〇〇年ぶりだったことや、その後下賜されたことが「徳川実紀」によって明らかになっている。

そして、問題の一六四七年、はたしてドードーは記述されているだろうか。

一六四七(正保四)年四月一四日　清船がロバ二頭・水牛三頭を持ち渡る(蘭館日記)。

一六四八(慶安元)年一〇月六日　蘭館、紀伊藩主徳川頼宣の注文した水牛二頭を同藩に渡す(蘭館日記)。

残念ながら、ドードーはもちろん、「白いシカ」もこの論文には捕捉されていなかった。この時は拝謁もされず贈り物も受け取っていないとされているのだから当然ではある。

その後、幕府とオランダの関係が修復される一六五一(慶安四)年まで、野生動物渡来の記録はなく、そこから先はコンスタントに、オランダ商館から将軍への動物献上が見られる。

一六五一年には、江戸参府の商館長から風鳥五羽(フウチョウ)とインコ一羽と「徳川実紀」にあり、一六五四(承応三)年には将軍にインコ二羽、津藩主にインコ五羽・リス三匹、加賀藩主にインコ一羽を「売り渡すつもり」と「蘭館日記」にある。

一六五八(万治元)年には、「徳川実紀」などに「ほうよろすてれいす」(ダチョウ)一羽とあり、これは江戸時代にダチョウが来た唯一の例だが、五カ月後に江戸城で死んだという。そして、同年、福岡藩主黒田光之が「白鷴(ハッカン)一羽を献上」と「徳川実紀」にある……といった具合だ。

結局、ブレスケンス号事件と、ポルトガル船来航騒動のあおりをくって、オランダ商館長の将軍への拝謁、江戸参府までが拒絶された時期にあたってしまったため、ドードーは闇に消えてしまったように思える。

なお、磯野が依拠する史料には、東京大学史料編纂所の『長崎オランダ商館長日記』も挙げられている。論文が書かれた二〇〇七年の時点では、二〇〇五年に訳出された『譯文編之十』が利用可能だった。そして、一六四六年末にフルステーヘンが江戸に持参した「白鷴鵡二・ヒクイドリ一・ラクダ二」についての言及はある。

しかし、同じ巻に登場する出島ドードーや白いシカについては、するりと目をすり抜けてしまったらしい。これは後に上梓された大作『日本博物誌総合年表』(磯野直秀、平凡社、二〇一二年)も同様だ。文献の中に動物を探そうとする人でもドードーに気づかなかったわけで、本当にどこに記録が埋もれているか分かったものではないと肝に銘じなければならない。

結局、江戸参府にドードーが同行したという可能性は、現時点では「分からない」まま放置するしかない。商館長の江戸参府は、長崎から大坂までは海路、大坂から江戸までは陸路を踏破した。道中の宿帳などに記述が残っていないかなどと夢想するが、それはまた別の探索の物語になるだろう。

なお、一六六三(寛文三)年には「二羽目のドードー」がオランダ商館を介して「来日」した。ただし、これは実物ではなく図鑑の中の挿絵だ。ヨハネス・ヨンストン(Johannes Jonston 1603–75)の『動物図譜』("Historiae naturalis de quadrupedibus libri, cum aeneis figuris", 1650–53)オランダ語版が、この年、将軍家綱に献上された。当該ページには、ツーカン、エミュ、ペンギンなどとともにドードーが描かれていた(図1-5)。これは将軍吉宗の時代、一七一七(享保二)年に再発見され、一部が翻訳されて、蘭学興隆のきっかけになったともいわれるが、ドードーの項目は翻訳対象にはならず、話題になった形跡もない[6]。

図1-5　日本に来た「2羽目」のドードー(右端，下から2番目)．ヨハネス・ヨンストン『動物図譜』(1650–53年)より

切支丹屋敷のドードー?

本節の最後に、「出島ドードー」の現場に居合わせた登場人物の中で最も「幕府側」だった、大目付の筑後殿こと井上政重がドードーを手にした可能性を少しだけ考える。

井上は、松平定行に渡ったオウムを元来所望しており、ならば、オウムのかわりにドードーを得たということはありえないだろうか。無駄足に終わった江戸参府の際にも、江戸では井上が対応の窓口となり、コイエットは井上の屋敷などで何度も対話を重ねている(7)。

では、井上の屋敷とはどこか。井上は、島原の乱で功を挙げたことをきっかけに、一六四〇年に新たに設けられた宗門改役《しゅうもんあらためやく》に取り立てられ、旗本から一万石の大名となった。与えられた下屋敷は、切支丹の取り調べに使われるようになり、ドードー来日前年の一六四六年からは、その敷地内に専用の牢と番所が設けられ幕府の正式な機関「切支丹屋敷」となった。つまり、日本の切支丹史、とりわけその迫害史に名を残す場に、ドードーがもたらされていた可能性はないだろうか。

一六四六年には、遠藤周作の『沈黙』の登場人物のモデルとなったジュゼッペ・キアラ(Giuseppe Chiara 1602–85, イタリア出身のカトリック、イエズス会宣教師)を収容し、棄教後もずっと居住させた。したがって、このシナリオが正しいとなると、実に不思議な歴史の交錯が起きたことになる。もっとも、切支丹屋敷が幕府の施設となるとともに、井上は新たな下屋敷を現在の中央区・霊巌島に拝領しているので、井上とコイエットの対話は霊巌島で行われたと考える方が自然ではある(8)。

いずれにしても、実際のところドードーが井上に贈られた可能性もそれほど高くなさそうだ。というのも、この時の参府においてコイエットは井上をめぐる記述を非常に細かく残しており、贈り物についても明示しているからだ。一六四七年一二月二一日の日記には、「通詞を介して筑後殿に、「彼が」非常に欲しがっていたのでテレビン油と、アメンドウ【アーモンド】の甘いのと苦いの、そしてミイラを送った」とある。ドードーを贈っていたとしたなら、その記述がないときわめて不自然だろう。

一方、井上側の記録にも、オランダ人から飛べない鳥を貰い受けたことを匂わせるような記述は見つからなかった(9)。

さらに、井上の監督下で行動を共にすることが多かった二人の長崎奉行、旗本の馬場利重と山崎正信も、オランダ商館からしばしば贈り物を得る立場ではあった。しかし、その情報は『商館長日記』によるもので、ドードーについては何も語っていない。また二人が残した記録は知られていない。

以上のような考察を経て、ここは、むしろドードーの到着時に長崎にいた有力大名、黒田忠之(博多)や、松平定行(松山)が持ち帰った可能性を追いかけた方がよさそうだ。

4　松山、福岡、佐賀と数百年にわたる縁

長崎探題職、松平定行と松山

松山市は、四国西部を流れる重信川、石手川の沖積平野で発達した四国最大の都市だ。愛媛県の県庁所在地でもある。

今の一般的なイメージでいうと、まずは俳人、正岡子規の出身地で、夏目漱石の『坊っちゃん』の舞台、といったところだろうか。子規の句を刻んだ碑があちこちに建ち、路面電車の「坊っちゃん列車」が走る。しかし、その根っこには、江戸時代、一五代にわたって松山を治めた久松松平が培った風土・文化がある。

「出島ドードー」と直接的な関係があるのは、初代松山藩主の松平定行だ。江戸時代を通じての名門であり、一六四四(正保元)年に、異国船との交渉を担当する長崎探題職に就任、長崎にも屋敷を与

えられる。ドードー・イヤーである一六四七年は、ポルトガル船の来航対応のために長崎に滞在し、オランダ商館から、オウムと「何羽かの鳥」を贈られた。

松山市史編集委員会による『松山市史』に依拠して、その前後の松山について振り返っておこう。一六三五(寛永一二)年、松平定行が、伊勢桑名一一万石の領主から一五万石の松山に転封された際、同時に弟の定房にも、今治領三万石が与えられた。この兄弟の転封は、時の将軍・徳川家光に「四国中心配ナシ、故に今、汝ヲ置ク」(久松家譜)とされ、徳川氏を中心とした幕藩体制の強化の一環だったという。

松平(久松)家が、「親藩」として語られるような扱いを受けたのは、定行の父定勝が、徳川家康の異父同母の弟だったことが大きいとされている。家康の重用に応えて、定勝が天下統一に貢献したのみならず、徳川時代を通じて、時の将軍から厚い信頼を得た。

さて、松山にやってきた定行が最初に取り組んだことの一つに、道後温泉の改修がある。道後温泉は、スタジオジブリのアニメ『千と千尋の神隠し』(二〇〇一年公開)の舞台のモデルの一つとしても知られており、周囲を歩くと、海外からの観光客がそのエキゾチックなたたずまいを写真におさめては、“Spirited Away”(英題)について熱く語る場面に出会うこともある。また、夏目漱石の『坊っちゃん』の舞台になったともいわれ、多くの人がなにがしかの思い入れを持って訪ねる場所になっている。定行は、その温泉を整備し、中世から続く名湯を今に伝える役割を果したという。

もしも松山にドードーが来ていたら、こんな景観の中にドードーがいたことになる。『千と千尋の神隠し』の舞台を、ドードーがちょこまかと歩いていたとしたら、というのはちょっと楽しい想像だ。

さて、定行の入封のわずか二年後に、徳川幕府を揺るがす一大事件が九州で起きる。島原の乱だ。定行は、戦況によっては島原に派遣するとの幕命を受けて、松山で待機。結局、出兵することはなかったものの、この乱を機に、キリシタン弾圧がさらに激化、宣教師を多く送り込んできたポルトガルの排除が決定的となり、定行にも新たな役割が与えられることになった。

一六四四(正保元)年、長崎探題職を得て、長崎に屋敷を持った。福岡藩(黒田)と佐賀藩(鍋島)による長崎警備の体制に加えて、信頼厚い定行を、幕府の代行者として置きたかったのだとされる。しかし、幕府側が正式な役職としたわけでもなく、結果、「長崎探題職」「長崎本奉行」「筑紫探題職」「九州探題職」「公儀御目代」「長崎異船の変あらん時のご名代」など、様々に呼ばれるようになった。本書では「長崎探題職」とする。

そして、この「役職」において定行が最大限の「活躍」をしたのが、我らがドードーの来日の年、ポルトガル船二隻が来航した際だ。九州一円の各領主がこぞって長崎に詰めかける中、ポルトガルの独立を伝え通商再開を求める使節と面会した上で、平和裏にポルトガル船を退去させた。なお、面会時に出された菓子を気に入って、松山に帰ってから同様のものを作らせたのが郷土菓子「タルト」の起源だといわれている。これは一次史料からは確認できない「言い伝え」の類だが、地元では「史実」のように扱われている。

ドードーに肉薄できる情報源

さて、では松山にはたしてドードーは来ていたのか、確認するすべはあるのだろうか。

もちろん、一七世紀のことなので、歴史の霧の向こうといってしまえばそれまでなのだが、最低限当たらなければならない史料というものがあるだろう。

ドードーの行方などを気にするのは一部の人で、歴史の中では枝葉末節の類だ。そういう目で見ないとスルーされてしまう。よく知られている基本的な史料の中に、ぽろりと「ドードー」と書いてあっても不思議ではないと、我々は身にしみて知っている。各大名の国元の記録は、意外と「生き物関連」についてノーマークの可能性がある。これればかりは、一つひとつ見ていくしかない。

では、どんな文献がありうるか。確認すべきはそれぞれの土地の基本的な歴史を押さえている郷土史家や博物館の学芸員だ。松山については、愛媛県歴史文化博物館の井上淳《じゅん》学芸課長（面会時は愛媛県教育委員会生涯学習課）が手ほどきをしてくれた。井上は愛媛の近世史を専門としており、まさにこのような場合に頼るべき人物であった。

もっとも、井上から最初に釘を刺されたのは、あまり期待してはいけない、ということだった。松山市は、一九四五年七月二六日から二七日にかけての松山大空襲で、いったん焼け野原になっている。定行と一緒に長崎入りした、弟の定房が所領とした今治市も八月五日から六日にかけての空襲で市街地の八割方が焼けてしまった。多くの人命が奪われると同時に、藩の関係者子孫の家に残されていた史料も、その際に焼失した。結局、今、伝わっているものは、その前のどこかの時点で編纂されたり、複写が取られていたものだ。

井上が挙げた史料のうち、『松山叢談1』と『今治拾遺　資料編　近世』が重要だ。

『松山叢談1』は、一八七八（明治一一）年に編纂された、二〇〇年以上にわたる松山藩の歴史書。久松松平家、旧藩士の家に伝わる文書類から作成され、編年体で編まれている。『今治拾遺 資料編 近世』（一九八七年）は、今治郷土史編さん委員会によって編まれたもので、今治藩史の一次史料に近い。これらがドードーに肉薄しうる情報源のはずだ。(10)

進物之品数々雖有之、逸々不詳

まず、結論から書くと――

ドードーどころか、生き物関係の記述はまるでなかった。やはり、この時期の関心の中心は「長崎有事」である。『松山叢談1』は、特にその記述が分厚い。

ポルトガル船の来航に揺れる長崎を、長崎探題職として松平定行が仕切った件につき、定行自身は七二〇人を引き連れて長崎入りし、長崎警備の当番だった福岡藩黒田忠之は一万七〇〇〇人、加番（加勢）の佐賀藩鍋島勝茂は一万人余、といったふうに、細かな数字まで書き込まれている。この歴史的なイベントが大きいがゆえ、かりに長崎で贈られたものについて記録があったとしても、明治時代の編纂者はそれほど大事とは思わなかったかもしれない。

一方、同行した弟・定房側の『今治拾遺 資料編』には、「進物之品数々雖有之、逸々不詳」（贈られた品は数々あるが、いちいち詳しく書かない）とだけあった。

最初に釘を刺された通り、最良の結果（つまり「ドードー」の文字を見つけること）にはならなかった。また、オランダ商館からオウムを贈られたという記述があれば、「商館長日記」の信憑性も高まる気がしていたのだが、そもそも生き物について「なにも記録がない」水準だった。

松山を離れる前に、道後温泉から徒歩十分ほどのところにある常信寺の定行霊廟を訪ねた。寺の本堂のさらに奥にひっそりとたたずんでおり、葵の紋がなければ、九州・四国で最も将軍・家光に信頼された定行のものとは気づかないほど慎ましやかだった。

なにはともあれ、家族へのお土産にタルトを買った。これもドードーの縁である。

白いシカと「暗愚な殿様」

松平定行の松山と並んで、もう一カ所、「可能性のある行き先」を見ておかなければならない。ドードーとともに「値段のつけられないもの」とされた「白いシカ」の売却先、黒田忠之の福岡だ。

黒田忠之は、一六〇二(慶長七)年、福岡藩初代藩主黒田長政の嫡男として筑前福岡にて生を受けた。NHK大河ドラマ『軍師官兵衛』(二〇一四年放送)でも有名な藩祖、黒田官兵衛の孫にあたる。一六一四(慶長一九)年の大坂冬の陣では父長政にかわり、若年で出陣。一六二三(元和九)年、長政の病死にともない家督を継いだ。以降、一六五四(承応三)年に享年五三歳で死去するまで藩主をつとめた。

忠之のことを、暗愚な殿様とする後世の評価がよく見られる。謹厳な祖父である官兵衛、福岡藩初代として藩政の基礎を定めた父の長政とは違い、典型的な大藩の御曹司であり、派手好み、強欲、我が儘であった、と。

身の回りに側近集団を作り、禁制の大型船舶を建造するなどしたことから、父の時代の重臣たちと対立、一六三二(寛永九)年、江戸三大御家騒動の一つ、黒田騒動を引き起こし、改易の危機に立たされた。暗愚なイメージは、この騒動を描いた物語や芝居で形づくられたともいわれている。

改易を免れた忠之は、一六三七(寛永一四)年、島原の乱へ出陣、武功をあげた。そして一六四一(寛永一八)年には、肥前佐賀藩鍋島氏と交代で長崎を警備する幕命を受ける。我々が関心のある一六四七(正保四)年は、まさに黒田家の当番の年で、それゆえ、ポルトガル船来航が分かると、まずは責務として大軍を率い、長崎に向かった。

緊迫した数週間を終えて、ポルトガル船を処分なく出港させることが決まったその日、我らがドードーを積んだヨンゲン・プリンス号がやってきた。「オランダ商館長日記」には「博多の領主」すなわち忠之が登場し、わざわざ出島まで足を運んで生き物を見物したとある。つまり、彼は、生きたドードーをその目で見た、数少ない日本人の一人なのである。また、ドードーと一緒にやってきた白いシカを購入したことになっていることからも、黒田側の文書を確認しなければならない。

貝原益軒はドードーの記録を見たか

黒田忠之の地元、福岡市でまず訪ねたのは福岡市博物館だ。有名な「金印」(漢委奴国王印)を所蔵しており、本物を常設展で見られることでも知られる。

相談に乗ってくれたのは学芸課の高山英朗で、即座に最優先で確認すべき史料を示してくれた。『新訂黒田家譜　第二巻』(川添昭二、福岡古文書を読む会校訂、一九八二年)、『福岡県史・通史編　福岡藩1』(財団法人西日本文化協会編纂、一九九八年)、『黒田家文書　第三巻』(福岡市博物館編纂、二〇〇五年)の三点だ。

中でもとりわけ重要なのが、黒田家の歴史を編んだ『新訂黒田家譜　第二巻』だという。編纂されたのは一七世紀末で、昭和になってから校訂をして活字化したことで「新訂」となった。さすが名門黒田家、ドードー来日からそれほど年月がたっていない時期の貴重な史料である。

そして、編纂した人物に驚く。

貝原益軒！　日本史の高校教科書レベルでは、黒田忠之は出てこなくても、貝原益軒(一六三〇—一七一四)は必ず学ぶ。本草学者であり、『養生訓』をはじめとした多くの執筆物を残した人物で、福岡藩士だった。そして、藩士に藩の歴史を編纂させるというのは、自然なことだ。

それにしても、豪華な人選だ。おまけに、我々にとっても素晴らしいことだ。

というのも、本草学者といえば、日本版の博物学者・自然史家である。家譜を編纂する中で、もしも、白いシカや飛べない鳥などが出てきたら、きっちり書き残すのではないだろうか。時期的にも、一六四七年からわずか数十年内に編まれているのが心強い。その文書が一九八二年に校訂されて書籍になっており、今、我々は簡単に読むことができるのである。

さらに『福岡県史・通史編　福岡藩1』は、藩士の家に残っていた文書を編んだもの。また『黒田家文書　第三巻』は、黒田家から寄贈された古文書を福岡市博物館が編んだもの。平成になってからの事業だ。これらを博物館から徒歩三分の福岡市総合図書館の郷土史コーナーで熟読した。

結論から書くと、残念ながら(大方の予想通り)、ドードーの記述はなかった。白いシカの方は、ひょっとして、と思っていたのだが、これもなかった。

一六四七年は、ポルトガル船の来航により、長崎警備の当番であった黒田家は大わらわで、記録のほとんどがそれをめぐるものだ。もしも、この年が平穏な年だったら、と思わずにはいられない。

一点だけ、高山の注意喚起で見つけたものがある。高山自身も編纂に参加した『黒田家文書　第三巻』には、一六四九(慶安二)年九月九日、国元にいる忠之が、江戸の長男、黒田光之に送った書状が収録されており、その中にこうある。

「長崎にて求申候あうむ(鸚鵡)并赤いんこ、今度其元へ遣申候間(略)公方様(家光)　大納言様(家綱)江御上ケ可有候」

長崎でオウムや赤インコを買ったので、今度、徳川家光や家綱に献上してほしい、というような内容だ。一六四七年に白いシカの記述がないことは(もちろんドードーの記述がないことも)かえすがえす残念だが、黒田が生き物を買って将軍に献上することがあったと知ることができた。

今後、新たな史料がみつかって、「白いシカはやはり来ていた!」(飛べない鳥も、一緒だぞ)という瞬間が来るかもしれないが、それはきっと地元の郷土史家が「そういう目」で見てくれてこそだ。

化け猫とドードー

松山の松平定行、福岡の黒田忠之の許にドードーがもたらされた可能性を検討した。

しかし、実は長崎有事の現場には、もう一人、有力大名が居合わせた。福岡藩とともに長崎警備を務めていた佐賀藩の鍋島勝茂だ。一六四七年の有事にあたっては非番ではあったものの、地の利も生かして、黒田忠之よりも先に長崎入りしている。『オランダ商館長日記』では、動物がらみの記述はないものの、念の為にこちらも調べておくべきだろう。

鍋島勝茂は、一五八〇(天正八)年生まれ。慶長の役、関ヶ原の戦い、大坂の役の時代から、島原の乱を経て、一六四七年のポルトガル船騒動に至るまで、すべてを経験した武将・藩主である。
元はといえば主君、龍造寺家に仕える立場だったが、一六〇七(慶長一二)年、龍造寺当主の死去に伴い、佐賀藩の初代藩主となった。この政権移行は、鍋島騒動として後に化け猫伝説は残したものの、龍造寺家の譜代家臣にも鍋島の元からの家臣にもともに認められた穏便なものだったといわれる。

さて、とにかく、この初代藩主である勝茂が、一六四七年、ドードー来日の際にも、いち早く長崎に駆けつけていた、ということがここでの本題だ。

地元の歴史的な知識を知るために訪ねたのは、旧佐賀藩主・侯爵鍋島家伝来の歴史資料・美術工芸品を展示する博物館「徴古館《ちょうこかん》」だ。公益財団法人鍋島報效会が運営しており、鍋島家伝来の国宝、重要文化財、貴重な文書史料などを所蔵している。文書史料の多くは目録化され、県立図書館で閲覧できる。

対応してくれたのは、主任学芸員の富田紘次。「佐賀藩の長崎警備」を一つの研究課題にしており、つまり、一六四七(正保四)年にポルトガル船騒動で長崎に鍋島・黒田・松平隠岐守が集結した時のことは、まさに自身の研究対象だ[11]。

では、実際に、一六四七年、鍋島家が残した文書になにかそれらしい記述はあるだろうか。富田が示した基本文献『勝茂公譜考補』の正保四年の記述を追うと、ただひたすら、ポルトガル船の動向や、各地の大名の動きなどの記述に終始している。とても動物が出てきそうな雰囲気ではないし、実際に出てこない。

今後、新たな史料が出てくる可能性はもちろんゼロではないが、かなり薄そうだという。その理由の一つは、空襲による焼失ではなく、一八七四（明治七）年二月に江藤新平・島義勇らを中心にして起きた明治政府に対する士族反乱、佐賀の乱（佐賀の役、佐賀戦争）によるものだ。その際、佐賀城が炎上、文書のみならず多くの貴重な品々が焼失してしまった。

とはいえ、歴史の「本筋」と関係なさそうな動物のエピソードなど、多くの人の目をくぐり抜けて見落とされがちなのは、本書でのひとつの教訓であり、今後の発見に微かながら期待をかけておく。

最後の藩主はドードーを見たか

さらに「本筋」とは関係ないけれど、一点、興味深いことがある。

鍋島家最後の藩主、第一一代鍋島直大《なおひろ》は、一八七一（明治四）年から一八七六（明治九）年までイギリスに留学し、オックスフォード大学にて文学研究に勤しんだ。つまり佐賀の乱が起きた一八七四（明治七）年には日本にいなかった。これは、オックスフォード大学の自然史博物館が開館してドードーが展示され（一八六〇年）、『不思議の国のアリス』（一八六五年）が出版された直後の時期だ。

とすると、直大は、自然史博物館のドードー標本を見たのだろうか。あるいは『不思議の国のアリス』を目にしただろうか。そして、一八八〇年までそこで数学教師を務めていた、著者のチャールズ・ドジソン（ルイス・キャロル）と会っただろうか。今となっては分からないが、ドードーが科学界のみならず世界的な人気を博していく最初の時期に、震源地であるオックスフォード大学に鍋島の最後の藩主がいたというのは、「ドードーと日本」をめぐるトリビアのうちの一つだ。

さらにここで注釈しておくと、ドードーを唯ひとり見た大名である黒田忠之の子孫、第一四代黒田長礼《ながみち》(一八八九―一九七八)は、日本鳥学会の会長を務め、日本のドードー研究者で侯爵の蜂須賀正氏に活躍の場を提供した。また、長礼の息子、黒田長久(一九一六―二〇〇九)は、山階鳥類研究所の所長となり、蜂須賀が持ち帰ったドードーの標本を所蔵する立場になった。そういった意味でも、本章で検討した諸藩とドードーとの奇妙な縁は、数百年にわたっている。

その一方で、一六四七年に出島に来たドードーの行方を有力大名の国元の記録から探ることについては、目下のところ手詰まりだ。そこで残る一つの可能性、それもかなり大きな可能性と思える「出島、あるいは長崎に留まった」というシナリオを検討しよう。

5　長崎、出島動物園にて

出島の再発見

長崎に出島という人工の島があって、徳川時代の初期に「鎖国」が完成して以降、二〇〇年以上にわたり、オランダとの通商の舞台となったことは、中学校でも習う歴史だ。海外交流の起点、異文化交流の拠点。そんなイメージが「出島」という固有名詞には、ぎゅっと凝縮して詰まっている。だから、なにかの機関の出先やアンテナショップ的なものを比喩的に「出島」と表現することもある。ビジュアルとしては、扇型をした島に異国情緒がある建物が並んでいる印象。

江戸時代において、貴重な情報収集の場であり、いわゆる蘭学は日本のサイエンスの礎になった。個人的な関心でいえば、医師としてオランダ商館に赴任したナチュラリストの存在を大きなものと感じる。『日本誌』のエンゲルベルト・ケンペル(Engelbert Kämpfer, 一六九〇〜九二年滞在)、『日本植物誌』のカール・ツンベルク(Carl Peter Thunberg, 一七七五〜七六年滞在)、そして、『日本』『日本植物誌』のフィリップ・フランツ・フォン・シーボルト(Philipp Franz Balthasar von Siebold, 一八二三〜二八年、五九〜六二年滞在)らは、ミスター出島(ドクター出島)のビッグ3である。

「出島」という言葉自体、非常に存在感があるので、一九八〇年代に中高大学生だったぼくは、学校で学ぶうちに、それが「実在(現存)」すると思うようになっていた。だから、後に「現存しない」と知った時、非常に衝撃を受けた。

もちろん、架空の島だったわけではなく、かつて出島だった島がなくなってしまっていた、ということだ。幕末、オランダとの独占的な交易関係が終わると、出島が隔離された島である必要もなくなり、周囲の埋め立てが始まった。やがて完全に地続きになって、その後、一九二二(大正一一)年、オランダ商館跡が国の史跡に指定された時には、どこからどこまで出島なのか厳密な境界が分からなくなっていたという。(12)

由緒ある史跡なのに、残念なことだ。そこで、一九五四(昭和二九)年からは一部庭園の復元工事が始まり、その後も部分的な復元や整備が断続的に行われてきた。そして、一九八九(平成元)年に市制一〇〇周年を記念して表門を再建したことを皮切りに、整備事業が加速する。それに伴って発掘も行われ、曖昧だった島の境界もはっきり確定できた。現在は、復元しつつ公開するスタイルで、観光名所としても定着した感がある。ガイドブックを見ても必ず大きなスペースが割かれている。

交通も至便。長崎駅から路面電車に乗って「出島駅」で降りれば、もう目の前だ。水門と呼ばれる出入口(荷揚場)があって、そこがオランダ商館時代へとタイムスリップするゲートになっている。今復元されているのは一九世紀のもので、ドードーが来た一七世紀なかばにはもっと小さな門だったはずなのだが、それでも場所は大きく変わっていないという。

というわけで、二〇一四年、ドードーが通ったのと(ほぼ)同じ水門から足を踏み入れると、町並みが見事に復元されており、自然と心拍数が上がった。やはり一九世紀の復元なのだが、それでもこれに近い景観の中にドードーがいたのである。

入口の近くに「カピタン部屋」と呼ばれる商館長の事務所・住居があり、中が公開されていた。ちょっとした博物館仕立てになっており、一階が出島の生活について、二階は商館長の暮らしについて再現されていた。また「商館員の部屋」には、鳥籠が置かれているのが目についた。当時、出島でよくオウムやインコなどの鳥が飼われていたことをさりげなく示している。

さらに奥に進むと、かつてあった倉庫群をミニチュア模型で再現した一角に行き当たった。貿易会社の支社なのだから当然なのだが、一番、二番から始まって十何番、という番号まで、多くの蔵があった。ドードーも、白いシカとともに、一時、蔵で飼われていたと記述されていたのを思い出す。一七世紀の倉庫の配置が同じはずがないとはいえ、どのあたりなのかと目で探してしまった。

出島動物園

ここで見ておきたいのは、ドードーが誰かに贈られるのではなく「出島で暮らした」可能性だ。

出島では様々な家畜や愛玩用の野生動物が飼育されていたことが知られている。例えば、正保年代よりもかなり後になるが、長崎歴史文化博物館が所蔵する「漢洋長崎居留図巻」には、出島の建物の前を闊歩するヒクイドリが描かれている(図0-7)。オーストラリアやニューギニアに分布するものなので、ジャワ島に拠点を持つオランダ東インド会社にとっては、比較的、手に入りやすかった飛べない鳥だ。また、川原慶賀(一七八六—一八六〇)の「唐蘭館絵巻 動物園図」には、インド産のゼビュー牛のようなウシ、タイワンザルのように見える、頭があまり尖っていないサル、クチバシにコブがある中国系のシナガチョウ、ヤギやブタも描かれている(図1-6)。

図1-6 川原慶賀「唐蘭館絵巻」より「動物園図」. インド産のウシ, サル, ブタが見える. 提供：長崎歴史文化博物館

また、「唐蘭船持渡鳥獣之図」や「長崎渡来鳥獣図巻」(図0-5)は、寛保〜嘉永年間(一七四一—一八五四)に長崎に渡来した鳥獣の絵が収録されている。渡来した珍しい鳥獣を幕府に伝える役割を任じられた有力な町人、高木家がその絵の控えを保存しており、そこから複写したものだとされている。[13] これらの中にドードーの姿はないのだけれど、出島には異国の鳥獣が続々とやってきていたことと、その一部は出島で飼育されたことを確信させてくれる。

今後、ドードーの絵が見つかれば、それはこの上ない証拠になるので、我々は出島の絵画を見たら画面の端にその姿が小さくでも描かれていないか探すべきだ。例えば「漢洋長崎居留図巻」のヒクイドリのように、片隅にドードーがいるのに見逃されているというのはありうることだからだ。

とはいえ現時点で見つかっていないものは仕方がない。

出島に来たドードーはその後、どうなったのか。絵画以上にはっきりした証拠が上がる可能性がある。出島を訪ねて、復元された石造倉庫「出島旧石倉（考古館）」に足を踏み入れた時のことだった。

出島から出土する動物たち

出島旧石倉（考古館）の一階には、出島復元作業に伴って発掘された遺物が展示されている。出島を復元するということは、そのまま出島を発掘するということでもある。

古い建物の基礎や石垣、陶器の破片のようなものが残りやすいのは当然として、一九世紀中頃のリボルバー拳銃が弾丸と一緒に見つかったり、大砲の点火に使われた「摩擦管」が箱ごと見つかったり、なかなか歴史を感じさせられる。

そして、それらの中に動物の骨も含まれる。狭いところに人がかなり密集して生活していた島だし、食生活の中で、多くの動物の骨を捨てなければならないことがあっただろう。また、毎年、新しい愛玩用の鳥獣もやってきた。発掘とともに動物の骨が出てくるのは当然だ。

発掘を行っている長崎市教育委員会は、二一世紀になってから、二〇〇二年、〇八年、一〇年、一八年、一九年に、出島内の発掘地ごとの調査結果を報告書として出版している。その中には、動物遺体、鳥類遺体についての項目があり、出土したすべての動物骨、鳥類骨について、同定を依頼された大学の研究室が内訳を報告している(14)。

例えば、最初の二〇〇二年の報告書では、「商館道路」「朝永、内外クラブ跡」と呼ばれる部分の発掘が報告されており、見つかった骨片は総重量九万六四二二・一グラム、そのうち九万二二四四・〇グラム、四一三八片について同定ができたという。

では、どんな動物の骨が出てきたのか。哺乳類は、ネズミ、ウサギ、イヌ、ネコ、イノシシ、ブタ、シカ、ウシ、ヤギ、ヒツジ、ウマ、クジラ、の六目一二種だった。

一方で、我々の関心の的である鳥類については、「ニワトリ、カモ、キジ、サギ類などがみが《ママ》れるが、ニワトリが最も多い」としている。日常的に食用にされたのであろうニワトリが多いというのは納得できる結果であり、カモ、キジ、サギも、その時々の「ジビエ」として食されたのだろうかと想像できる。ここにドードーの骨がまじり込んでいたらと考えると、サイズからみても「なにかおかしな鳥の骨」くらいの認識は得られるだろうと推察される。

マメジカ、キョン、様々なハト、そうして不明な大型鳥類

さらに続く報告を、ドードーにつながる情報がないかどうか、異国の動物ではどんな種が来ていたのか、という点を中心に見ていく。

二〇〇八年の報告書では、マメジカの骨が報告されている。この年、報告された「三番蔵」「拝礼筆者蘭人部屋」「カピタン部屋」「乙名部屋とその周辺」の各調査区で見つかったとのことで、東南アジア産の小さなシカが、出島においてそれなりに持ち込まれていたと分かる。

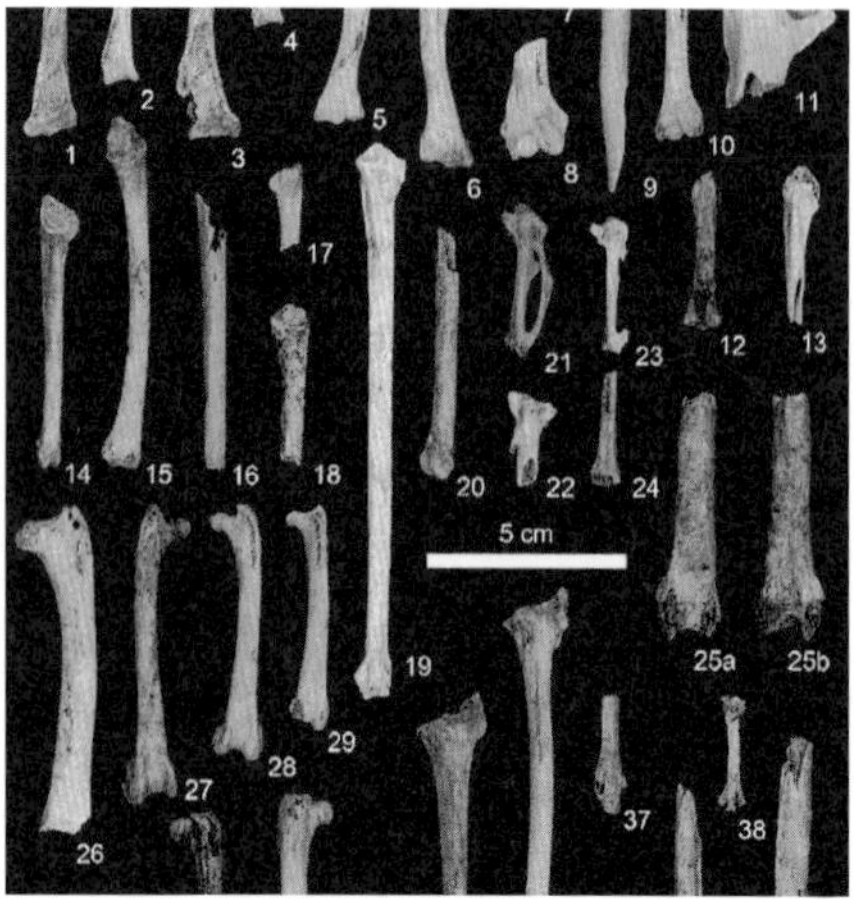

図1-7　2018年の報告書に掲載された鳥類の骨の一部(バーは5 cm)．中段右側の2本の大型鳥類の大腿骨(25a, 25b)が同定されずに今後の課題となっている．提供：長崎市出島復元整備室

二〇一〇年には、シカよりも小さく、マメジカよりも大きい種として、キョンが報告されている。キョンは今でこそ房総半島など日本国内にも定着した個体群があるが、もともとは台湾や中国南東部に分布する外来種だ。また、同年、鳥類としてハト科三点、キジバト、ドバトなどが報告されているのが気になった。ドードーもハト類だからだ。ただ、サイズが違いすぎるので、混同される余地はないだろう。

二〇一八年の報告書では、アビ科やフクロウ科のように食用にはあまりされないものが出たのが興味深い。ハト科は一一点と多く、「複数種に由来する」と結論付けられている。さらに、この年、「十四番蔵外・二〇号土坑出土の大型鳥類の大腿骨」が同定されずに今後の課題とされており、その結果が気になるところだ(図1-7)。

二〇一九年は、おそらくはニホンカワウソと思われるカワウソの左上顎骨が出ている。

ざっと以上だ。

見つかったシカ類に、日本のシカと同じサイズのものだけでなく、マメジカ、キョンも含まれているのが興味深い。かの「白いシカ」がどんなものだったかあらためて想像をめぐらせるに足る。とはいえ、せいぜい体長五〇センチのマメジカは、シカと同じカテゴリーに入れるのがためらわれるような見た目なので、マメジカであればその旨、「商館長日記」にも言及があっただろうとも考えられる。

なお二〇一八年の同定されていない大型鳥類の大腿骨について、報告者である動物考古学者の江田真毅（北海道大学）に問い合わせたところ、こんなコメントをもらった。

「同定できなかった大型鳥類の大腿骨について、長崎市の了解を得てさらに調べているところです。私も、ドードーの可能性もかすかには考えていたのですが、どうやらこの骨は違いそうだというのが、今のところの感触です。はっきりしたことが分かりましたら、報告しようと思っています」

江田も、出島にドードーが来ていたことを認識しており、出土した骨を見るときには常に意識しているという。今後、ドードーの骨が見つかる可能性についてはこう述べた。

「もちろん可能性はあると思っています。ただ、遺跡から出土する骨は当時利用されたもののごく一部ですから、一個体しか持ち込まれていなかったのであれば、骨が残っている可能性が高いとは言いにくいというのが正直なところです。見つかるために必要な条件は、ドードーの骨が分かる人に資料が分析されることです。私も含め、多くの動物考古学者はドードーの骨を見たことがありません。「何か変だぞ?」「分からない骨だ!」という骨があった場合には、そういった資料があることを示して後世の分析のために疑問として残しておくことが重要だと思います」

つまり、江田が「十四番蔵外・二〇号土坑出土の大型鳥類の大腿骨」を同定できないものとしてきちんと記録に残したことも、まさにその一環だったのである。こういった姿勢は、心強い限りだ。

一七世紀の壁

もっとも、出島での発掘には、こと一七世紀のドードー探しについて、根本的な問題が一つある。いずれの発掘地でも、年代的にさかのぼることができるのがほぼ一八世紀末までで、目当ての一七世紀の動物骨は出てくることが少ない。まったくないわけではないが、なにがしかの偶発的なことが起きないと難しい。

これについて、長崎市出島復元整備室の学芸員、山口美由紀が解説してくれた。

「出島の発掘調査は、近代から掘りはじめて、一九世紀前半を主な調査対象とし、一部、一八世紀末(一七九八年)の出島の火災層までを調査します。このため、これまで発掘されたほとんどが一九世紀代です。遺跡保護のために、一七世紀まで掘り下げることは推奨されておらず、一七世紀の調査事例が少ないんです」

もっとも意図せずして一七世紀に至ってしまうことがあり、決して一七世紀の遺物を見る機会がないわけではない。

「現代の建物の攪乱を受けていて、一八世紀から一九世紀の層が壊されているようなところでは、発掘調査を開始すると、いきなり一七世紀後半から一八世紀前半にあたる場合があります。このような調査は、私が担当する以前の出島の昔の調査に多かったのですが、その頃は、鳥類に関する分析を専門家にお願いしておらず、残念ながら鳥類遺体に関しての詳細は不明です。ただ、出島全体では少ない事例ですので、ここにドードーが紛れていた可能性は、確率的には大きくはないでしょう」

ドードーの骨は、鳥としては大型で、特殊なものなので、かりに哺乳類遺体の専門家しかいないような状態でも、出土すれば見逃されるようなものではないはずだ。だから「確率的には大きくはない」というのは納得できる。

一方で、出島の土を使って出島の外を埋め立てた事例があって、その場合は、遺跡保護の縛りが外れて大規模な調査ができることがある。二〇一九年の調査報告書がまさにそれに相当し、出島から橋を渡った対岸の江戸町側の埋め立てに出島からの土が使われた部分を発掘して、江戸初期からの遺物を見出している。

具体的には、一六七八(延宝六)年以前の「江戸時代前期」からは、キジ科の骨片が何点か、またカモ亜科などが出土している。同定不明の骨片も一つ記録されているが、大きな鳥のものではなかった。

今後の調査は、すでに調査済みの箇所の遺構を再検証することが中心になるので、かつてのような大量の出土遺物は見込めないとのことだ。出島対岸地域の開発、整備事業に伴って新たな遺物が見つかる場合もあるものの、その際には、今度は出島からもたらされた廃棄物なのかをまず見極めることになる。いずれにしても、今後の発掘調査は過去二〇年間に比べて小規模なものになり、一七世紀の遺物は出島の深い層に埋もれたまま、ということになりそうだ(15)。

長崎の市中に出た可能性

さらにもう一つだけ検討しておくべき可能性がある。それは、出島から長崎の市中に流れたというものだ。例えば商館員の自己勘定での取引など記録に残りにくい形で外に出たことはありえないだろうか。

当時長崎には、出島を築造する際に出資した二五人から始まる「出島町人」など、有力な町人がおり、その中には、後に珍しい鳥獣の絵を幕府に送る役割を担った高木家なども含まれる。珍奇な鳥獣への関心は、町人側にもかなりあったはずだ。

実際、かなり時代を下った一八二三(文政六)年、オランダ側が幕府への献上用に持ち込んだ雌雄のラクダが、引き取りを断られたことから、まずは通詞に贈られ、長崎商人を経て見世物師にわたり、大坂、京都、江戸をまわった事例もある。(16) 一六四七年から数年内に、「変な鳥」が長崎市中や国内のどこかで見世物にされたというようなことがあったとしたら、それはドードーかもしれない。

そこで、当時の長崎のことが書かれた文書として『寛宝日記』をみると、一六四七年のポルトガル船の入港をめぐる有事については記述があるものの、生き物に関するものはない。(17) 江戸時代の長崎の通史である『長崎実録大成』では、ポルトガル船の件はもちろんのこと、その後、オランダ商館のコイエットの江戸参府が失敗に終わったことまで言及されているのだが、どんな生き物を伴っていたかは書き留められていない。(18)

結局、確かなことは、オランダ側の公式記録で「来た」ことだけが分かっており、「出た」記録はない、ということだけだ。

これが「歴史ミステリー」であることは間違いないが、ここは密室ではないし、誰かが意図してトリックを仕掛けたということもない。ただ、記録が欠落しているだけ、というのが一連の調査の中で感じた一七世紀の壁である。

結局、日本におけるドードーの追跡がかなり難しいということは認めざるをえない。

比較的、見込みが高そうな方面を一つひとつ確認した後で残るのは、長崎から江戸までの間、いずれの場所にもありうる薄い可能性だ。ここまで来ると、個人の努力では無理だ。日本に来ていたドードーについての認識を広げて、各地の郷土史家や自然史愛好家の目を多くして、「あるいはうちにも可能性が……」「変な鳥が来たと書いてあるが、ひょっとすると……」という意識を持って、日々、史料や標本を見てもらうしかない。

そのためには――

なぜドードーが特別なのか、という点を少し敷衍しておく必要がありそうだ。ぼくのように「日本にドードーが？」というだけで「うわーっ」となる人ばかりではないというのは明らかだし、「ドードーと日本」というテーマの先に広がるはずの豊かな認識をある程度、共有できなければ、説得力も薄いだろう。だから、一七世紀にドードーがヨーロッパに紹介されて以降に何が起きたのか、第二章で詳しくみることにする。

6　日本人ドードー研究者、蜂須賀正氏

大名華族にして探検家、貴族院議員、そして鳥類学者

第一章の最後に、日本の我々にとって世界に対して開いた窓のように思えるドードー研究者、蜂須賀正氏について簡単に紹介しておく。すでに「出島ドードー」の可能性を知って長崎県立図書館に問

い合わせをした人物として触れたが、二〇世紀のドードー研究では、まさに「この人あり」と認められる存在だった（図1–8）。

蜂須賀のドードー研究は、様々な国の鳥類学会での発表や論文を通じて公にされ、没後に出版された畢生の大作『ドードーと近縁の鳥、あるいはマスカリン諸島の絶滅鳥類』に結実した。この英文書籍は、ドードーをめぐる歴史的な経緯をからめて議論する時には今も引用され続けている。例えば、二〇一六年に改訂された国際自然保護連合（IUCN）のレッドリストでは、ドードーの評価文書で引用されている九つの文献のうちの一つが蜂須賀の『ドードーと近縁の鳥』だ。[19]

ドードー研究の独自路線、例えば、存在しなかったレユニオンドードーを二種に分けて、学名を与えようとしたことで混乱をもたらしたと指摘されつつ、現代性を決して失っていない。一方、日本の我々から見ると、ドードーの名において日本と世界を結んだ人物として避けることができない。

一九〇三（明治三六）年生まれの蜂須賀正氏は、旧徳島藩主、蜂須賀家の第一八代当主で、明治維新に伴う版籍奉還で大名から華族になったいわゆる「大名華族」の家系だ。母筆子は、江戸幕府第一五代征夷大将軍徳川慶喜の四女だから、「ラスト・ショーグン」の孫だともいえる。

学習院初等科に通う小学生時代から生き物への関心をつのらせ、のちに日本野鳥の会の設立発起人ともなる黒田長礼（六五—六六ページ参照）との学年を超えた交流から鳥類学に没入していく。[20]

以下、鳥類学に関わる部分を年表風に記してみる。

・一九二〇年に渡英、二一年、ケンブリッジ大学モードリン・カレッジに入学。留学の目的だった政治学でなく、鳥類研究に没頭、絶滅鳥類研究の大家で大著『絶滅鳥類』（"Extinct birds" 1907）を著したウォルター・ロスチャイルド卿と親交を結ぶ。北アフリカ探検、アイスランド遠征を行い、アメリカ、カナダ、ハワイを周遊して一九二七年に帰国。

・一九二八年、日本生物地理学会を創設（沖縄本島と宮古島との間にある生物地理学上の境界を提唱し、それは現在「蜂須賀線」と呼ばれる）。同年中に、フィリピンへと「有尾人」の調査隊を率いて出発、翌年、帰国（得られた鳥類標本からの知見は、ロンドン自然史博物館での研究期間を経て、"The Birds of the Philippine Islands" (part 1-4, H. F. & G. Witherby, 1931-35）として出版）。

・一九三一年、ベルギー政府探検隊のアフリカ遠征に加わり、「日本人としてはじめて野生のゴリラを見た人物」になる。翌三二年、欧州に戻ったものの、年末、父、正韶《まさあき》が脳溢血で死亡したため、三三年二月に帰国。父を継いで貴族院議員になる。四三年まで在任。

・一九三五年、外遊中の病気を理由に、アメリカ・カリフォルニア州で療養、三七年まで滞在。

図 1-8　蜂須賀正氏

・一九五〇年、ドードー研究を中心とした業績により、北海道大学理学部から理学博士号を授与される。

・一九五三年五月死去。その後、『ドードーと近縁の鳥』が出版される。

五〇年間の決して長くはなかった生涯において、アフリカ、アイスランド、フィリピンへの探検・遠征などで世界各地を飛び回り、学術振興にも尽力した。ヨーロッパでの活動拠点はイギリスで、ロンドン自然史博物館の鳥類部門での研究歴もある。さらに蜂須賀は一九世紀のモーリシャス島で発掘されたドードーの骨を入手して、日本に持ち帰ったことでも知られ、その標本は、現在、千葉県我孫子市の山階鳥類研究所に収蔵されている。(21)鳥類学を中心にして活動を見るだけでこれだけの話題がある。それに留まらない様々な側面については、近年出版された評伝やエッセイの復刻を参照してほしい。(22)

四八五冊のうち二九番目

では、蜂須賀の『ドードーと近縁の鳥、あるいはマスカリン諸島の絶滅鳥類』はどんな書籍なのか。手元にあるものには、四八五部だけ刷られた中の「二九番目」と手書きのナンバリングがある。アメリカのオークションサイトeBayを通して購入したので正確な由来は分からない。「除籍」を意味する"withdrawn"の押印があり、どこかの図書館に所蔵されていたものと推察できる。

タイトルページの見開きには、本書で何度も言及することになる一七世紀のルーラント・サフェリーが描いた「ジョージ・エドワーズのドードー」(図0-3)が口絵として掲載されている。より正確には、一七世紀の絵を一九世紀になってから鳥類画の大家ヨン・キューレマンス(John Gerrard Keulemans 1842-1912)が複写したもので、蜂須賀はそれをオークションで競り落とした。さらに当代随一の鳥類画家小林重三(一八八七―一九七五)によるカラー図版が織り込まれており、非常に豪華な作りだ。

章立ては五部構成になっている。

一、モーリシャスのドードー　*Raphus cucullatus*（図0–8右）
二、レユニオンの白ドードー　*Victoriornis imperialis*（図0–9右）
三、ロドリゲスのソリテア　*Pezophaps solitarius*（図0–8左）
四、レユニオンのソリテア　*Ornithaptera solitaria*（図0–9左）
五、その他の絶滅鳥類（図0–10）

実在しなかったレユニオン島の白ドードーについて、蜂須賀はピーテル・ヴィトホース（Pieter Withoos 1654/55–93）が描いた白いドードーを根拠の一つにした（図0–14）。また、同じく実在しなかったレユニオン島のソリテアについては、カナダ・モントリオールのマギル大学の図書館に所蔵されていた「ドードーの狩り」の絵を根拠に用いた。絵画から新種を認定するというのは当時としても議論がある部分なのだが、それまでの知見を集積したことから、多くの研究者が参照する書籍になった。

なお、蜂須賀は、ドードー類以外のマスカリン諸島の鳥にも情熱を傾けている。モーリシャス島とロドリゲス島にいた飛べないクイナを、絵画と文献を照らし合わせることで、三種、同定した（図0–10右上）。茶色っぽいモーリシャスクイナ（*Aphanapteryx bonasia*）と青いロドリゲスクイナ（*Erythromachus leguati*）の他に、もう一種、実在しなかった「マンディの黄色いクイナ」（*Kuina mundyi*）が図版に描かれている。モーリシャス島の絶滅オウム類モーリシャスインコ（図0–10右下）は、カラスのような黒い体色と分厚く強いクチバシを持っており、有無を言わせない迫力がある。また、ドードーと同じハト類で、モーリシャスルリバト（*Alectroenas nitidissima*）は、絶妙な色合いが美しい……（図0–10左の手前の鳥）。

これらは、いわば「ドードーの島の仲間」ともいえる鳥類で、一七世紀に人間が来訪した時点では、確実に生きており、島の動物相の一部をなしていた。まとめて閲覧すると切なくも、その美しさに心打たれる。蜂須賀もそのような思いで論考を進めたのであろう。

雨竜のバッファロー、そしてゾウガメ、パンダ

蜂須賀の存在を意識するドードー関係者は今も多い。本書の取材の中でも、オランダで数回、チェコのプラハで一回、イギリスで一〇回以上、蜂須賀について聞かれた。「ハチスカとは何者?」「なぜあの時期にあんな研究ができた?」と誰もが疑問に思う謎めいた存在のようだ。彼が活躍した二〇世紀なかばは、それまでのドードー研究が一段落し、研究者の関心が薄れていた時期だ。「ドードー研究における小さな暗黒時代」ともいえる(ドードーの存在自体忘れ去られた、大きな暗黒時代が一八世紀にあったことは第二章で述べる)。蜂須賀自身「絶滅鳥類の話」(『野鳥』一九五一年)と題したエッセイの中で、「一人で研究するのは寂しい」と漏らしている。そんな時代に、絶滅鳥類への新たなアプローチを探して孤軍奮闘していた研究者ともいえる。

そんな蜂須賀に対して、ロンドン自然史博物館のジュリアン・ヒュームは、絶滅鳥類への関心を共有するだけでなく、蜂須賀の同博物館での研究歴という面からも、親しみと強い関心を持っていた。「蜂須賀が各地で見たドードー標本についての論文や彼が収集した標本が未公表で眠っているのではないか」という疑問を抱いており、そこでぼくは、蜂須賀の博士論文を所蔵する北海道大学図書館を訪ねて閲覧したり、蜂須賀が農場を持っていた北海道の雨竜町で未発見の史料などが残されていない

か確認することにもなった。

結論としては、北海道大学図書館に所蔵する博士論文の提出物は、すべてなんらかの形で公表されているものばかりだった。一方、雨竜町の資料室に残された農場史料には鳥類標本にまつわる記録はなかったものの、蜂須賀がアメリカのサンディエゴ動物園から貰い受けて雨竜町の農場で飼育したアメリカバッファローの写真や、イギリスの動物園からガラパゴスゾウガメやジャイアントパンダを入手しようとする交渉の手紙の写しなどが出てきて、歴史のまた別の一面を垣間見ることになった。(23)

ちなみにバッファローは日本に初伝来で、死後、剝製にされたという。北海道大学植物園の中の博物館に収められているものがそれかもしれないとされている。蜂須賀の破天荒ともいえる行動力の、一つのあらわれだ(24)(図1-9)。

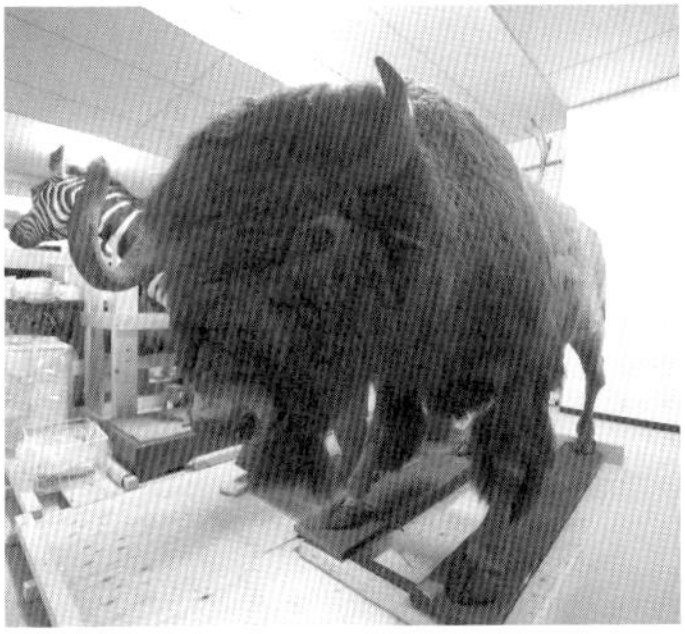

図1-9　現在，北海道大学に所蔵されているバッファロー標本は蜂須賀農場に由来するとされるが，きちんとした記録は残されていない

「ドードーの神官」とハチスカ

さらにもう一つ、蜂須賀に直接会ったことがある人物の証言を付け加えよう。

イギリスのサセックス在住のラルフ・ウィスラー(Ralfe Whistler)は、インド鳥類研究者ヒュー・ウィスラー(Hugh Whistler 1889–1943)の息子で、「ドードー・マン」を自称する。研究者ではないがドードー関連グッズをひたすら集めており、英国放送協会(BBC)は彼を「ドードーの神官」と呼んだ(図1–10)。

図1-10　ラルフ・ウィスラー．手には蜂須賀の『ドードーと近縁の鳥』

はじめて連絡した時、彼はこのように述べた。

「日本人のドードー研究者、マサウジ・ハチスカを知っていますか。ハチスカは私が子どもの頃、うちに来たんです！」

蜂須賀はウィスラーの父のインド鳥類コレクションを見るために訪ねてきたのだという。それも実に印象的な方法で。

「アイスランドから飛行機を操縦してきたんですよ。飛行機で誰かが来るのは珍しかったし、それが日本人だというのはもっと珍しくてよく覚えています。私にとってははじめて見た日本人はハチスカでした。ハスチカは何日かうちに泊まり、ドードーの標本を見たり、収蔵庫に入り浸って、インドの鳥の標本を見ていました。これは一九三八年頃で、私はまだ八歳くらいのはずなんですが、忘れられない記憶です！[25]」

もっともその後、蜂須賀との連絡は途絶える。一九三九年に第二次世界大戦が始まり、世界は分断された。サセックスはイギリス南岸だから、ドイツ軍が発射したV2ロケット（ミサイル）が落ちることもあった。ロンドンに向かって飛んでいく有翼ミサイルV1号の独特のエンジン音も覚えている。蜂須賀が操縦してきた複葉機のプロペラ音に世界の広がりを聞き取った少年も、こちらには純粋に恐怖を感じたという。

「戦後、ケンブリッジ大学のモードリン・カレッジの図書館で、とある一角の蔵書が蜂須賀からの寄贈だと気づきました。それで、幼い日の記憶の中の蜂須賀を鮮明に思い出したんです。彼の本もその後買いましたよ。彼は侯爵だったそうですが、神に仕える身だったのでしょうか」

ウィスラーは雑誌からコピーしたらしい「儀式の装束に身を包んだ日本の蜂須賀正氏」とキャプションがついた写真をぼくに見せて解説を求めた。たしかに弓矢を使った神事の写真のようだったが（まさに元祖「ドードーの神官」である）、残念ながらぼくにはそれを詳しく説明する知識はなかった。

それでも、蜂須賀について話し続けるウィスラーの様子に、蜂須賀正氏というミステリアスで型破りな存在が時を超えて及ぼす磁力のようなものを感じざるをえなかった。「蜂須賀の隠された論文や標本」に思いを馳せたヒュームや、その他、ヨーロッパで出会った研究者たちが蜂須賀を語る時にも、濃淡の差こそあれ、共通したものがあって、つまり、蜂須賀は、ドードーに関わる者たちに今も学術的な達成以上のインスピレーションを与え続けている。そして、日本の我々にとっては、日本とドードーをつないできた存在なのだといえる。

◉コラム

ドードーについて今分かっていること

ドードーはこれだけ「有名」なのだから、さぞ多くのことが知られているだろうと思いきや、実際には分かっていないことだらけだ。一六世紀末の発見の後、科学的な目で観察、研究される前に絶滅してしまったことが悔やまれる。しかし二一世紀の現在、様々な方法でドードーに肉薄する努力がなされており、確かな知識も増えつつある。ここでは「今分かっていること」をまとめておこう。

「ドードー」の名の由来と学名

ドードーという呼び名は何に由来するのだろう。それ自体、謎が多い。

絶滅動物についての詳細な著作で知られるエロール・フラー(Errol Fuller)は、オランダ人よりも前にモーリシャス島を知っていたはずのポルトガル人に語源を求め、「間抜け」「おろか」を意味する“duedo”(doudo, duido)から“Dodo”となったのではないかとする。あるいは「太った尻」(fat-ares)と解釈できなくもないオランダ語の“dodaersen”が語源である可能性もあり、さらには鳴き声の擬音語だったかもしれないとする、つまり、はっきりしたことは分からない。

文書記録としては、一六二八年にモーリシャス島を訪ねた英国人エマニュエル・オルサム(Emmanuel Altham 1600–35頃)が弟に宛てた書簡の中で使われたのが最初の事例だ。一方、印刷物としては、英国の旅行家トマス・ハーバート卿(Thomas Herbert 1606–82)の一六三四年の旅行記で初登場する。オランダ語やフランス語では"Dronte"も使われた(26)。

一般の呼称とは違って、学名は通常もっとしっかりした理由があると期待できる。しかし、ドードーの場合は、それも少し怪しい。

学名"*Raphus cucullatus*"のうち属名の"*Raphus*"は、古いギリシア語でノガンを意味するものだとされている。一八世紀の命名者が理由を述べていないのであくまで推測だ。一方、"*cucullatus*"は「フードをかぶった」という意味のラテン語から来ている(カッコーの属名"*Cuculus*"に似ているが関係ない)。たしかに顔の裸出部と羽毛の部分との切り替わりがそのように見えなくもない。

分類学の父カール・フォン・リンネ(Carl von Linné 1707–78)は、一七五八年にダチョウ属(*Struthio*)だとしたものの、一七六六年には考えをあらため"*Didus ineptus*"を提案した。ドードーそのものを意味する"*Didus*"と、不格好、不完全、おろか、といったことを意味する"*ineptus*"の組み合わせで、一九世紀を通じてよく使われた。しかし、命名規約の先取権の問題で現在は"*Raphus cucullatus*"に定まっている(27)。

ドードーはどんな格好をしていたのか

それでは、ドードーは、どんな姿をしていたのか。

羽毛の色は褐色・灰色ということで安定した証言があり、白っぽい灰色から濃い褐色までの間で、ほとんどの復元画は描かれている。

一方で、体型については、これまでに大きな解釈の変化があった。

伝統的なドードーの復元は、一七世紀に描かれた絵を発端にして、ロンドン自然史博物館の初代館長だったリチャード・オーウェン(Richard Owen 1804–92)が一八六六年に出版した全身骨格の復元論文にも継承されたものだ。でっぷりとしていて、深くかがみ込んだような姿勢を取り、首はまるで蛇のように屈曲している。野生動物というよりは、物語の世界から抜け出してきたような、間抜けな、鈍重な雰囲気だ(図0–20)。

図1–11　リチャード・オーウェンによる二度目の復元図. ロンドン自然史博物館所蔵. Owen 1872

実は、オーウェン自身が、最初の復元が誤りだったことに気づき、一八七二年には自ら修正した論文を発表した[28](図1–11)。縮こまっていた足を伸ばし、頭骨と頸骨の繋がり方などを大きく変えており、全体的に、すらりと活動的に見える。しかし、この復元像は人口に膾炙せず、古い復元像が払拭されはじめるのは二一世紀になってからだ。

体のサイズとしては、古生物学者のジョリオン・パリシュ(Jolyon Parish)が二〇一二年の著作“The Dodo and the Solitaire: A Natural History”(Indiana University Press. 以後 “Parish, 2012” として言及[29])で検討し、オスの体高の平均が六五・八センチ、メスは六二・六センチとした。なお、クチバシを含む頭骨の長さは二〇センチほどなので、やはりかなりの頭でっかちである。

体重は、かつて重めに見積もられていて、一七世紀の船乗りの証言からの類推で二五キログラムという数字がよく語られた。今も一般書では採用されていることもある。しかし、二一世紀になってからは、ドードーがもっとスリムだったとする研究が相次ぎ、体重も一〇キログラム台で落ち着いている。論文のうちのひとつのタイトルは「太った(fat)ドードーの終焉?」だった[30]。二〇一六年に、古脊椎動物学会の論文誌に掲載された、同一個体の骨だけで組み上げられている唯一の全身骨格標本(モーリシャス島の博物館に所蔵)の3Dモデルは、スマートで、活動的で、今にも動き出しそうに見える[31]。

分類と系統

ドードーの分類としては「ハト科」だとされる。ハト科の中の「ドードー亜科」とされることもあるが、必ずしも一般的ではない。本書では「ドードー類」と表記することにする。いずれにしても、系統樹を描く際にはハト科の共通祖先から分かれた先にドードー類が配置される[32]。

その際、近縁はミノバト(*Caloenas nicobarica*)だ。ミノバトは、首から背にかけてカラフルな蓑《みの》のような美しい羽飾りに覆われた、やや大型のハトだ。インド領のニコバル諸島が主要な生息地で、ニコバルハトとも呼ばれる(図1-12)。この鳥との共通祖先かそれに近い種が、遅くとも数百万年前にモーリシャス島にたどり着き、飛翔能力を失った末裔がドードーだと考えられる。

図1-12　ミノバト．アメリカのオーデュボン動物園にて

図1–13　マスカリン諸島

なお、ミノバトよりも、少しだけ離れた近縁には、ニューギニアのカンムリバト(*Goura cristata*)や、サモアのオオハシバト(*Didunculus strigirostris*)がいる。ドードーの仲間は、ハトの中でも少し大型で独特の見た目を持ったものが集まったグループといえる。特にオオハシバトは、がっしりしたクチバシがドードーを想起させることから「ドードーはハト科」とする主張を補強するためにも引き合いに出されてきた(図0–20)。

ドードーの種類と分布、生息環境

ドードー類は、かつて三種から四種がいたとされてきたが、現在認められているのは二種のみだ。

地理的な分布が関係するので、まずは地図を見てみよう(図1–13)。ドードー類が生息したマスカリン諸島は、アフリカ大陸に隣接するマダガスカル島から東方に八〇〇キロメートル離れたあたりから、さらに東へと連なる。マダガスカル島に近い方から順に、レユニオン島、モーリシャス島、ロドリゲス島だ。それらの間隔は、一七五キロ、五六〇キロメートルとかなりの距離で、それぞれ絶海の孤島といってもよい。これらの三島すべてにドードー類がいたとされてきた。

まず、モーリシャス島にいたのが有名なドードー(*Raphus cucullatus*)で、単に「ドードー」といえばこの種をさす。

また、ロドリゲス島固有種で、やはり絶滅したソリテア(*Pezophaps solitaria*)もドードー類だ。属名の“*Pezophaps*”はギリシア語由来の「歩行性のハト」を意味する言葉で、種小名の“*solitaria*”は「ひとりものの」「孤独な」を意味する。和名は「ロドリゲスドードー」とすることが多いが、本書では英名の「ソリテア」(Solitaire)と呼ぶ。ドードーとはまた別の意味で独特な鳥で、英語で“Rodriguez Dodo”と表記されることはほとんどない。[33]

ソリテアは、飛べないドードー類の鳥という部分ではドードーと共通しつつも、すらりと「背筋が伸びた」優美な姿だったようだ(図1-14)。一七世紀にロドリゲス島で二年間暮らしたフランソワ・ルガ(François Leguat 1638–1735)の観察によれば、翼の付け根の瘤《こぶ》になった部位(「マスケットボール」)を使って闘争したり、「ぶーんぶーん」と音を立ててコミュニケーションをはかるなど、興味深い行動を見せた。

図 1-14　ロスチャイルド『絶滅鳥類』(1907 年)に描かれたソリテア

さらに、レユニオン島にもレユニオンドードー(白ドードー)がいたとされてきた。

ただし問題が多い。後世に描かれた白いドードーの絵と、ソリテアを思わせる現地での目撃記録が根拠なのだが、これだとドードーなのかソリテアなのかも分からない。裕福な自然史家ウォルター・ロスチャイルド(Walter Rothschild 1868–1937)は、著書“Extinct Birds”(『絶滅鳥類』一九〇七年)の中で、ドードーに似た復元とソリテアに似た復元の

図 1-15　ウォルター・ロスチャイルドによるレユニオンドードーの 2 解釈．ソリテア版(左)とドードー版(右)

両方を提示した[34](図1-15)。さらに日本の蜂須賀正氏は、一九三七年、それぞれが実在したと結論し、白ドードーには *Victoris imperialis*、ソリテアには *Ornithaptera solitarius* という学名まで与えた[35](図0-9)。

しかし、二一世紀なってからの議論では、これらはむしろ両方とも存在しなかったという理解が広まっている。絵の記録も目撃記録もともに信頼できないことが分かり、またレユニオン島からはドードー類の化石が一切出ていないことや、その一方で島内の洞窟から飛翔力の弱いトキの骨が見つかることなどが決め手になった。

つまり、レユニオン島のドードーとされてきたものは、実際には人間の入植後に絶滅した飛翔力の弱いトキ(*Threskiornis solitarius*)だったというのが、現在の理解だ[36](図1-16)。

以上、マスカリン諸島固有のドードー類には、モーリシャス島のドードーと、ロドリゲス島のソリテアの二種類がおり、レユニオン島にはいなかったということになる。

ドードーの食生活

ドードーは何を食べていたのだろう。

タンバラコクという木の種子はドードーの消化管を通り抜けないと

発芽できない共生関係にあり、ドードーが絶滅したために減少しているという話を耳にした人がいると思う。これは一九七七年の『サイエンス』誌に公表されて一時よく語られた植物とドードーの共生関係の事例だ(37)。しかし、今ではドードーなしで芽吹いたタンバラコクの若木が発見されるようになり、あまり言及されなくなった。

航海者の目撃証言によると、ドードーは草食で果実を食べた(一六三一年のオランダの匿名旅行者)。しかし、詳しい食性は分かっていない。よく胃石についての言及があるため、砂嚢《さのう》で植物をすりつぶして食べていたとされるものの、直接証拠はない(38)。

図 1–16　レユニオンドードーは存在せず，飛翔力の弱いトキがいた．Julian Hume 2000

あの大きく頑丈なクチバシで、果実や木の実を食べたのではないかと多くの研究者が推測している。と同時に、長期間の航海に耐えてヨーロッパに連れて来られたことなどから考えて、様々な食物に適応できただろうとも考えられる。一七世紀の船舶で常に専用食を用意できたか疑わしいからだ。生息地ではゾウガメの卵や死体を食べることもあっただろうという説もある(39)。モーリシャスの鳥類学者・保全生物学者フランス・スタウブ（France Staub 1920–2005）は、島の植物のサイクルから、三月から一〇月にかけては海岸近くでヤシやラタンの実を食べ、それらが払底する一〇月以降、森の木々が果実を落とすのを目当てに内陸の丘陵の森林にまで移動しただろうとする。[40] 二〇世紀以降、高地の火山洞窟などからも骨が見つかり、多少標高の高い地域にも分布していたことが明らかになっているので、従来考えられていたよりもかなり幅広い環境で暮らし、様々なものを食べていたと理解されるようになってきた。

結局、食性も、行動も、直接観察にもとづいた文書記録ベースでは分からないことが多く、周辺情報に依存する。しかし、二一世紀になってから発掘された四〇〇〇年前の骨の放射性同位体分析から、植物を主に食べていたこと自体ははっきりした。[41]

骨組織学が明らかにした繁殖と換羽のサイクル

ドードーはどんなふうに産卵し、子育てしたのだろうか。

地面の上に草を集めて巣を作り、大きな卵を一つだけ産んだという目撃談がある。卵の大きさは、ペニーパン（"penny loaf" と呼ばれるパン。おそらくは大人の拳程度）の大きさだったという。ただし、この証言の信頼性には疑問が投げかけられている。[42] なお、ドードーの卵とされる標本がいくつか現存しており、南アフリカのイーストロンドン博物館のものが有名だが、それはおそらくはダチョウの卵だとされている。[43]

一方、つい最近、二二の標本を切断して断面を顕微鏡で観察する骨組織学的な研究から、興味深いことが分かった(44)。ドードーの一年の生活サイクルが明らかになった、というものだ(図1-17)。

それによると——

繁殖期が始まるのは、南半球に夏が来る数カ月前、つまり八月頃。ヒナは孵化した後、急速に成長して、夏のサイクロンの季節までにはほぼ成体に近い体格にまで成熟した。換羽は夏の終わりの三月頃で、ひょっとするとこの時期には体色も濃く、また見栄えの悪い状態になったかもしれない。そして、モーリシャスの比較的穏やかな冬がやってくる頃に換羽し、新たな繁殖期を迎えることになる……。

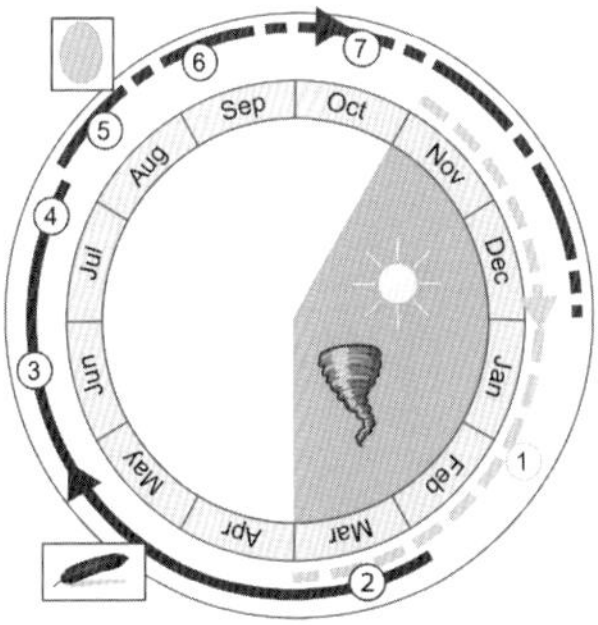

図1-17　ドードーの生活の1年の周期．①夏のサイクロンシーズン，②換羽の開始，③古い羽と新しい羽が混ざった状態，④換羽の終わり，⑤繁殖期の始まり，⑥産卵と孵化，⑦ヒナが急速に育つ．Angst et al. 2017

ここまで分かるとさらに気になることが出てくる。例えば、抱卵をめぐる戦略はどうだろうか。ペンギンのように交代制だったろうか。急速に成長するヒナの栄養要求に対してどんなふうに対応したのだろうか。栄養豊富な素嚢乳《そのうにゅう》、つまり、食道と胃の間から分泌される、いわゆる鳩ミルクやペンギンミルクと呼ばれるものは使ったのだろうか。集団での保育園(ペンギンでいう、クレイシ)は作ったのだろうか。「呼び出し給餌」が行われていたら可愛いに違いない。巣立った若鳥はどれくらい遠くへ旅したのだろうか……。

このような疑問には枚挙にいとまがない。この研究にも参加しているヒュームが、論文の出版に合わせて、子育てするドードーの復元画を描いているが、それもひとつの

「解釈」だ（本書の扉絵）。

いつ姿を消したのか

ドードーの厳密な絶滅の日時は、多くの絶滅動物同様、分からない。生き物が絶滅するという現象自体、知られていなかった一七世紀のことなのでなおさらだ。

最後の目撃は一六八一年とされてきたが、同じく飛べない鳥であるモーリシャスクイナの誤認だったとする説が有力だ。現時点で最も信頼される論考では、一六四〇年代にはモーリシャスの本島からいなくなっており、一六六二年に本島の北東部に浮かぶアンブル島（Ile d'Ambre）で、難破船の船員たちが目撃し捕獲したのが最後とされる。[45] IUCNはこの説をとって、レッドリストの絶滅年を一六六二年としている。

また、興味深い試みとして、数理モデルを使った絶滅年の推定が、二〇〇三年の『ネイチャー』誌の短信に掲載された。[46] ドードーの目撃証言の間隔からどのようなペースで個体数が減少し、いつゼロになったのかを推定する手法で、最後の目撃を一六六二年とした場合、実際に絶滅したのは一六九〇年となった。ただし、九五パーセント信頼区間は一六六九年から一七九七年までなので、この推定にはかなりの幅がある。

いずれにしても、いつドードーが絶滅したかは歴史の霧の向こう側だ。少なくとも、我々が生きたドードーに再び会うことはかなわない、ということだけは間違いない。

第二章　ヨーロッパの堂々めぐり
――西洋史の中のドードー

1　罪とドードー――オランダと一七世紀

アイムソーリー、ドードー

長崎の出島を訪ねた際に、島内にある長崎市出島復元整備室(長崎市の機関で、出島の発掘や復元を司る)にお邪魔して、出島の発掘や復元のあらましを聞いた。そのオフィスは、日本人だけでなくオランダからの研修生(インターン)も在籍する、まさに出島らしい国際的な交流の場になっていた。

インターンのオランダ人学生とドードーについて少しだけ言葉を交わし、二〇一四年の「論文」がオランダでは大きな話題になったと知った。"NRC Handelsblad"という新聞の日曜版でまるまる一面を使うほどの大きさで扱われたのだという。紙面を見せてもらったところ、ドードーのイラストだけでなく、江戸時代の出島の絵なども大きく紹介したエキゾチックな雰囲気の特集だった。

この大きな扱いの背景には、「論文」の著者の一人、リア・ウィンターズがオランダ人で、史料もオランダから見つかったものだということがある。でも、それだけではなさそうだ。オランダではドードーはそもそも「とても有名」なのだそうだ。

ドードーは、一五九八年にオランダ人がモーリシャス島を訪ねた際にはじめて欧州に報告され、その後、オランダ統治時代に絶滅した。オランダの小学生は「ドードー」の話を聞き、自然保護や生物多様性の重要性を勉強する。さらに日蘭関係という別の面での興味も加わって「日本のドードー」は関心を引いたとのことだった。

その後、ぼく自身、オランダに行く機会があり、別の取材で訪ねた動物園関係者との雑談で「ドードーについて調べている」と話すと、「ごめんなさい」と謝罪されることが何度か続いた。最初は理由がよく分からなかったのだが、よくよく聞いてみると「自分たちが絶滅させた」という責任を感じる、とのことだった。

図2-1　リア・ウィンターズ

絶滅させちゃってごめんなさい。そのような感覚を、ドードーに対しても、オランダ人以外の他の国の人々に対しても、抱いているらしい。

とはいえ、そういった悔恨の念は、たまたま動物に関係する職業の人たちだからこそなのかもしれない。動物園は「種の方舟」であって、絶滅の危機にある動物を飼育下繁殖させるプログラムの一翼を担う。自らの専門性ゆえ、ドードーを絶滅させてしまったことがひときわ忸怩たるものに感じられる、というのはありそうなことだ。

ならば、一般の人たちはどうなのだろう。そんな素朴な議論に応じてくれたのは、画家で図書館員で歴史家のリア・ウィンターズである(図2-1)。

出島ドードーの証拠を見つけて論文にし、我々を「堂々めぐり」に引きずり込んだ張本人だ。アムステルダムから電車で三〇分ほど離れた大学町ライデンに彼女を訪ね、大学構内のカフェで落ち合った時の最初の話題が「ドードーについての一般のイメージ」だった。

エスニックな風合いの生地の黄色いセットアップを着たウィンターズは、ぼくに見せるために持ってきてくれた自作の鳥類画のポートフォリオを脇に置きながら、こんなふうに言った。

「オランダ人は、たしかにドードーに特別な感情を持っていると思いますよ。ドードーは、オランダ人が食べてしまって絶滅していると思っている人が多いんです。違うと言っても通じないし、罪悪感があるのは本当じゃないかと思います」

船乗りがドードーを食べて絶滅させたというのは間違いで(なにしろ歴史記録では、不味かったという話が強調される)、定説は、航海者が持ち込んだネズミ、ブタなどによって卵を食べられたり、生息環境を破壊されたことが大きく効いた、というものだ。それでも、オランダ人の関与は間違いないので、ギルティな気分(罪悪感)を抱くこと自体は、相応の理由があるともいえる。

ウィンターズ自身もそのような環境の中で育ったし、そこから環境問題や生態系の問題に関心を抱くことになり、自身の画家としての活動とも関係しつつ、結果、日本のドードーの論文につながる発見をするに至ったという。

リア・ウィンターズの発見

ドードーについて悔恨の国であるオランダにおいて、ウィンターズはどんなふうにドードーに出会い、「出島ドードー」の発見に至ったのか。

「わたしは、絵が好きで二歳の頃からずっと、鳥を描いていました。二〇〇八年にAFC（Artists For Conservation，保全のためのアーティストたち）という団体のフェローシップに応募しようと考えて、テーマはオランダと縁の深いマスカリン諸島にしようと思ったんです。ドードーは特別な鳥ですし、マスカリン諸島には様々な種類のオウムなど魅力的な鳥が多かったので」

AFCはカナダのバンクーバーを本拠にした芸術家による環境保全団体で、毎年、多くの芸術家の遠征計画を支援している。ウィンターズの計画は「ドードーとは別の道を――モーリシャスの絶滅危惧種たち」（Not the way of the Dodo – Endangered Species of Mauritius）というテーマで、二〇〇九年の"Flag expedition"（その年の旗印となるような遠征計画）に選ばれた。

モーリシャス島を含むマスカリン諸島は、いわゆる絶海の孤島ばかりなので、それぞれ固有種が多い。象徴的な絶滅鳥として有名なドードーやソリテアだけでなく、多くの鳥が人類の到来以来、絶滅しており、現在も絶滅危惧種だらけである。AFCの支援を受けたウィンターズは、モーリシャス島とその東隣のロドリゲス島に長期滞在し、博物館の標本をつぶさに観察したり、絶滅していない鳥については観察の上、写真を撮ったりして、三〇枚以上の絵を描いた。(1)

「当然、ドードーも描いたわけですが、最初はすごく困りました。例えば体の色も分かりませんから。(2)そこで自分で古い文献を調べはじめたら、日本にドードーがたどり着いていたという史料を見つけることになったというわけです」

ウィンターズ自身、アムステルダム大学図書館に勤務しており、国立公文書館での調査方法とも親しみがあったことも大きかった。そして、古いオランダ語を読めること、絶滅鳥類への関心を持っていたことなど、すべてがプラスに作用した。適切な目を持った人が見ると、見逃されていたことがにわかに形を取って見えはじめる、という好例だろう。

「これまで気づかれなかったのには理由があります。ドードーを意味する“dodeers”の“dod”と“eers”の間が空いていて、別の単語みたいなんです。後半の二つの“e”も変な綴り方で、読みにくいです」

もっとも、日本で同文書を翻訳した人たちは、この部分がドードーを指していると正しく認識できていた。その程度の読みにくさは、ものともしなかったようだ。ここはむしろドードーの格別な意味を知っていたかどうか、という問題だったのだろう。

ウィンターズ自身が描いた「出島ドードー」の絵を見せてもらったのはこの時だ(本書カバー)。高台から出島をのぞむ位置関係で描かれている。日本の風景の中にドードーがいたということをこうやってビジュアルに提示されると非常に心を刺激されるものがある。つまり、素晴らしい絵だ。

このドードーの行方を知りたい! とあらためて感じ、欧州における「堂々めぐり」を始める。

デン・ハーグの国立公文書館へ

オランダは小さな国で鉄道網も発達しているので、中心都市間の移動時間はとても短くてすむ。国立公文書館があるデン・ハーグは、アムステルダムから電車で四〇〜五〇分ほどの距離だ。

そして、公文書館は、駅を出て徒歩二〇秒! 駅前広場の一角にある。その名前から古色蒼然とした建物を想像していたのだが、実はとてもモダンなビルだった。事前に連絡しておいたため、建物の奥の閲覧コーナーには、すでに灰色の紙で包まれた冊子が四冊準備されていた。

まずは "Japans daghregister"、つまり『オランダ商館長日記』を紐解く。東大史料編纂所のマイクロフィルムをすでに見たことがあったのだが、実物には時を経た「質感」が伴う。匂いをかいでみたところ、当たり前ではあるが、ちょっと埃っぽくもある古い紙の匂いだった。

肉筆の筆跡を確認しつつ、三七〇年前の書き手と対話するような気分になった。はたしてこれを書いたフルステーヘンは、初見のドードーにどんな印象を持ったのだろうかと想像する。

図 2-2 「商館長日記」のドードーの記述. "dod" の後に隙間があり, "eers" の二つの "e" の綴りがおかしい. 協力：Dutch National Archive

たぶん、ほとんど「気にしていなかった」のではないか。

というのも、書き方がぞんざいなのだ。ウィンターズの指摘通り、"dodeers" という文字列の "dod" の後が大きく空いていて、まるで別の単語のように見える(図2-2)。本当にドードーのことだったのかと一瞬、疑問に思った。しかし、そう支持する他の書類があるから、結局は疑いようがない。

「値段の付けられていないもの」と書かれた送り状と会計帳簿

"facturen" を開いた。これは、目録や送り状の意味で、船が出たインドネシアのバタヴィア側ではなく出島に到着後に作成されたものだ(図1-1)。出島のオランダ商館が受け取る前の状態を記しており、船旅の途中で死んだ動物などは含まれない。

一六四七年のページで、dodeers とあるのを確認(図1−1)。白いシカ(witehinde)やベゾアール(pe-dropork)と一緒に「値段の付けられていないもの」(ongetaxeerd)として括られている。

ページの上と下に金額が書かれているのが印象的だった。各ページの記載物の価値を足し上げていっているのである。ドードーと白いシカのページを終えたところでの価値は 180697.15.12 ギルダー。現在の二〇〇万ユーロ(さらに日本円に換算すると三億円程度)に相当するというから、原価が数億円レベルの取引をしようとしていたことになる。

もう一冊、"negotie journaal" と呼ばれる文書。これは会計帳簿だ(図1−2)。ここでもドードーは、値段の付いている物品とは別扱いの「値段なし」のリストの中に入っていた。

ちなみにこの記録は、商品に関しては売れた額が逐一記入されているので、非常にリアルだ。オランダ東インド会社がまさに貿易商であることを印象付けられる。

ここまで来て、ウィンターズ&ヒュームの「論文」で引用されていた三つの古い公文書の閲覧をすべて終えた。ずっしりと歴史の重みをも直接感じ取ることができる貴重な時間だった。ドードーが来日していた直接証拠が「実在」であるということを「腑に落ちる」形で感じ取ることができた。

最古のドードーのスケッチ

四冊目は、最古にして唯一の「野生のドードーを直接見て描いたことが確実なスケッチ」である。

一七世紀以来、数多くのドードー画が描かれてきたけれど、野生のドードーを見た画家が、その場で描いたとされるのはこれだけだ。

一五九八年、ファン・ネック艦隊の航海でモーリシャス島が「発見」されてから、オランダの艦船が寄港することが増え、一六〇一年にウォルフェルト・ハーメンツ提督率いる艦隊のヘルダーラント(Gelderland)号がモーリシャスに立ち寄った。その際に乗船していた画家、北部オランダ出身のヨリス・ヨーステンツ・レルレ(Joris Joostensz Laerle, 生没年不詳)がスケッチしたとされる。(3)

レルレはかなり本格的な絵画のトレーニングを受けた人物だそうで、彼によるドードーは、一般に知られている、でっぷりした愚鈍なドードーとは一線を画する。ぼくが、実物の航海日誌をみて、衝撃に打たれたのはまさにその点だった。

これは、むしろ、二一世紀になって様々な科学研究者が示唆したスマートなドードーに近いではないか。つまり最古にして、最新! なのが、このスケッチだ。

四二〇年前、一六〇一年に本当に生きていたドードーの姿を一葉一葉、確認していこう。

まず、見開きで描かれている四つのポーズ(図0-11上)。左下の立ち姿は、野生の飛べない鳥としてとてもリアリティがある。太い脚に、すらりと立った首。精悍で力強い、「マッチョ・ドードー」だ。一方、右上のものは地面の上の何かをついばんでいるかのような状態だ。今にも動き出しそうな躍動感がある。

右下は、静かな立ち姿だが、これも新鮮だ。一般に流通してきた復元では、お腹が地面につきそうなほど足をかがめていたのに、ここでは腹を地面からかなり離してすっと立っている。生きていた頃のドードーの「野生」とは、こういう方向性だったのだろうとこの絵をみるだけで伝わってくる。

さらに別の見開きには、半分鉛筆の下書きで、半分だけペン入れされたドードーが描かれていた(図0-11下)。素早く歩く様をささっと描きとったようで「ランニング・ドードー」と呼ばれる絵だ。ただ実際には、死んだか昏倒したドードーを間近で見て描いたものだという。

実はトリッキーな絵でもあって、よくよく見ると二つの絵が重なっている。ドードーを右後方から見た状態(鉛筆のみの下書き)と、左前から見た状態(ペン入れされている)が、一部、輪郭を共有して描かれ、見る人によって解釈が違うだまし絵にもなりうる。

ここはペン入れされている「左前から見た頭部」に注目する。身体の一パーツにすぎないが、目の前にドードーを置いて描かれたことが確実なものであるがゆえに、格別の重みを持つ。

羽毛があるのは額の上までで、裸出部との境界にはフードの縁のような小さな出っ張りがある。がっしりしたクチバシの先端は強く湾曲している。この力強いクチバシがどんな局面で使われたのかと想像力を刺激される。野鳥としてのドードーが四二〇年の時を隔てて迫ってくる。

観察者によるドードーの記述

初期の野生のドードーについての言及は、ほとんどオランダ艦隊の航海記録によるもので、国立公文書館に収められている。しかし、それらをすべて閲覧して読解する能力はないので、邦訳や英訳(Parish, 2012 など)を見て簡単にまとめておこう(4)。

・一五九八年ファン・ネック(Jacob Corneliszoon van Neck)艦隊の記録

はじめてのドードーについての記録。ドードーを「ワルフフォーヘル」(Walghvogel. 吐き気をもよおす鳥)と表現したことでよく知られ、邦訳もある。初遭遇なのでドードーに関する全文を引用する。

マウリティウスは肥沃な島だ。そして鳥類がおびただしく棲んでいる。とりわけ雉鳩が多く、ある日の午後、われわれは三人で一五〇羽の雉鳩を捕獲した。棒で打ち殺したり摑まえたりしたのだが、手に持てさえすればもっと獲ることができただろう。灰色の鸚鵡などもたくさんいる。このほかに、われわれのところの白鳥くらいの大きな鳥がいる。ちょうど皮の縁なし帽をかぶったような大きな頭をもち、翼がなくてその代わりに三、四枚の黒い小さな羽がある。そして、尾のあるべきところにちっぽけな四、五枚の羽がくるりと丸まっているだけで、体全体が灰色をおびている。この鳥を、われわれはワルフ・フォーヘルと呼んだ。というのは、ひとつには、胸肉と胃袋は大変うまいのだが、そのほかは長いこと茹でても食べてみるとひどく硬かったからであり、またひとつには、雉鳩がたくさん獲れて、この方がよほど美味だったからでもある。

(ハウトマン、ファン・ネック『東インド諸島への航海』生田滋注・渋沢元則訳、岩波書店、一九八一年)

ここでは、「白鳥くらいの大きさ」「皮の縁なし帽をかぶったような大きな頭」「翼がなくてその代わりに三、四枚の黒い小さな羽」「尾のあるべきところにちっぽけな四、五枚の羽がくるりと丸まっている」とイメージの喚起力がある描写がされている。食料としてのドードーについての記述が厚いのも当時の航海事情を偲ばせる。

・一六〇一年ハーマンスゾーン(Wolphaert Harmanszoon)艦隊の記録
断片的な記述が散りばめられており、それらを拾うと、「この鳥はダチョウのような体を持ち、大きな頭を持ち、頭にはフードを被っているかのようなヴェールを被っている」「まるで人間のように足で直立して歩いていた」「ペンギンの二倍の大きさだった」「彼らはしばしば卵ほどの大きさの石を胃の中に持っている。時にはもっと大きい」などとしている。

・一六〇二年ウェスザーネン(Wilhem Van Westzanen)艦隊の記録
ドードーを船員に食べさせて好評だったことを記述。ある一日に五〇羽、別の日に二〇羽といったふうにたやすく捕獲できた。一羽から大量の肉がとれて、わずか二羽分で、乗組員全員の食事に十分だったという。ファン・ネック艦隊の「吐き気をもよおす」とは相反した評価だ。

・一六〇六年ディ・ヨング(Matelieff de Jonge)艦隊の記録
ファン・ネック艦隊と同様の記述を繰り返すとともに、「通常は胃の中に拳ほどの大きさの石を持っている」と付け加えた。また、ドードーの幼鳥を捕食する可能性があるネズミやサルを大量に見た。いずれももともと島にはいなかった動物で、この時点で持ち込まれていたことが分かる。

・一六〇七年ファン・デル・ハーヘン(Steven van der Hagen)艦隊の記録

島内のキャンプに出かけた乗員が、「ドードー、ハト、カメ、オウムを食べた」と記述。

・一六一一年フェアヘーフェン(Pieter Willemsz Verhoeven)艦隊の記録

乗組員がハト、オウムなどと一緒に食べたとしている。ドードーは手で捕らえられたが、巨大なクチバシで激しく嚙みついて身を守るので、非常に慎重に捕らえる必要があったという。

艦隊の航海記録にドードーが出てくるのはここまでだ。ファン・ネック艦隊の初記述から一三年後のフェアヘーフェンの時点で、すでに頻繁に見られるものではなくなっている。一六三八年に植民地を樹立した後も確かな目撃談はなく、オランダ人が暮らした砦(居留地)の発掘調査では、ジュゴンやウミガメなどを頻繁に食べていた形跡がうかがわれるものの、ドードーの骨は一切出てこない(5)。

オランダ人が直接言及したドードーの記述は、その後、一六六二年、船(Arnheim)の遭難でモーリシャス島沖数百メートルの小島に上陸したフォルケルト・エフェルツェン(Volkert Evertszen)にまで飛ぶ。彼は「ガンよりも大きな飛べない鳥を見つけ」「【その鳥は】小さな翼を持っていたが、速く走ることができた」と記述した。そして、この時、捕らえられたものが、最後のドードーかそれに近いものだったというのが、今受け入れられている説だ。

オランダで描かれたドードーの絵

ファン・ネック艦隊のモーリシャス島訪問以来、数多くのドードー画がオランダで描かれた。書籍の挿絵として人口に膾炙した版画から、著名な画家が描いた油彩画まで様々で、それらのうちよく言及される代表的なものを紹介しておく（最も有名な「ドードー画家」ルーラント・サフェリーについては次節）。

まず、ファン・ネック艦隊の航海日誌の原本と、一五九九年に出版された速報的な短い航海記はすでに失われている。しかし、一六〇一年出版の長い航海記（副題は“Het Tweede Boeck”、つまり「第二の書」。先に引用した『東インド諸島への航海』に邦訳が収録されたもの）には、モーリシャスでの船員たちの活動の銅版画が添えられていて、ドードーとゾウガメが背景に描かれている。ただし、簡略化されており自然史的リアリティは薄い（図2–3）。

図2–3　ファン・ネック艦隊の航海を描いた「第二の書」（1601年）のイラスト

一方で、自然史家が航海日誌原本から模写したともされる絵が残されている。医師で植物学者でもあったカロルス・クルシウス（Carolus Clusius 1526–1609. シャルル・ド・レクリューズ（Charles de l'Écluse）としても知られる）によるもので[6]（図2–4）、ファン・ネック艦隊の記述にあった「皮の縁なし帽をかぶったような大きな頭」「翼がなくてその代わりに三、四枚の黒い小さな羽」「尾のあるべきところにちっぽけな羽がくるりと丸まっている」と整合する。また、クルシウスは、モーリシャス島からオランダに持ち帰られた「ドードーの砂嚢の中にある大きな石」も見ており、それも描きこまれている。このドードー画は、その後、数限りなく模写されていくことになる一つの「原型」を提供する。

一六一七年頃にモーリシャス島を訪ねたオランダ東インド会社職員ファン・デン・ブルーケ(Pieter van den Broecke 1585–1640)は、航海記"Zie Begin ende Voortgangh"で、ドードーの絵を掲載した(図2–5)。文章での記述はないが、この異形のドードーはその後もしばしば模写された。一角のように見える異形のヤギや、ドードーのしばらく後で絶滅する固有種モーリシャスクイナも一緒だ。

図2–4　カロルス・クルシウスが航海日誌原本から直接模写したとされるドードー画．原本は失われたが後にここから多く転写される

一六二六年には画家のファン・デ・フェンネ(Adriaen Pieterszoon van de Venne 1589–1662)が、水彩のイラストを描き、アムステルダムに生きたドードーがもたらされたという記述を添えている(図2–6)。しかし、その絵自体はプラハの宮廷画家で後にオランダで活動したルーラント・サフェリーの一連のドードー画に似ており、それを参考にしたともされる。

一方、一六三八年頃に、画家のコーネリス・サフトラーフェン(Cornelis Saftlaven 1607–81)が描いたドードーの頭部の絵は、他のものとは一線を画したリアリティを持っているが、由来は分かっていない(図0–12)。また、二一世紀になってから見つかった画家不詳の一七世紀のオランダ画も、やはり本物の(おそらくは剝製の)ドードーを描いたとされ、二〇〇九年、大手オークション会社クリスティーズで四万四四五〇ポンド(一ポンド=一五〇円換算で、六六七万円程度)で売却された(図0–13)。

さらに、レユニオン島の白ドードー伝説の元になった絵の一つもオランダに由来する。博物画を多く描いたピーテル・ヴィトホースによるものだ（図0–14）。

オランダ東インド会社、リーフデ号事件、そして出島ドードー

閑話休題。ドードーにまつわる古文書群をぼくが堪能した後で、それらはふたたび灰色の布に覆われて書庫へと戻された。

さらにその後で、ぼくはあらかじめ作っておいた英文のスライドを使い、対応してくれた公文書のアーキビスト（公文書館専門職員）や研究のために通っている大学院生たちに、一六四七年の長崎の状況

図2–5　ファン・デン・ブルーケの書籍に描かれたドードーと一角ヤギとクイナ

Vera effigies huius auis WALGH-VOGEL
(quæ & à nautis DODAERS propter
foedam posterioris partis crassitiem
nuncupatur) qualis viua Amstero=
damum perlata est ex Insula MAV
RITII. ANNO M.DC.XXVI.
Manu Adriani Vennij Pictoris

図2–6　ファン・デ・フェンネの水彩イラスト．上部の文には，1626年にドードーがアムステルダムに来たと書かれている

とその後のドードーの行方についてプレゼンをした。今後、この公文書館で新たな発見があるかもしれないから、情報を共有しておきたかった。

一方、彼らは、一七世紀の初期にオランダで発足した「世界初の株式会社」ことオランダ東インド会社(VOC: Verenigde Oost-Indische Compagnie)が、本当にその初期の時点から日本との関係を保ち続けてきたことに、常に驚嘆の念を感じていると語った。

オランダ東インド会社は、ファン・ネック艦隊の成功直後の一六〇二年に設立され、一七九九年までほぼ二〇〇年にわたって存続したきわめて長寿の組織だ。商業活動を目的とし、株主に利潤をもたらす「株式会社」でありつつも、国際通商を執行するにあたっては、条約の締結、植民地経営、さらには軍隊による交戦権まで認められていた。その点で、実質的に国家に準ずる存在でもあった(7)。発足の翌年にはインドネシアに商館を開き、一六〇九年には日本でも平戸に商館を置いた。モーリシャス島に植民地を樹立した一六三八年は、日本では島原の乱("Shimabara Rebellion")の頃で、キリスト教の布教に熱心なポルトガルが排斥されていく節目の時期でもあった。これが、オランダがその後、長きにわたって欧州の対日貿易を独占する契機ともなる……等々。こういったことを日蘭の共通の話題として語り合うのは格別な体験だった。

さらに、公文書館職員たちは、オランダ東インド会社ができる以前の一五九八年、つまりオランダ人がドードーを見出した年にも、日本とオランダには別の関わりがあったと指摘した。

「一五九八年には、アムステルダムのファン・ネック艦隊の他にも、ロッテルダムのジャック・マフ(Jacques Mahu 1564–98)の艦隊が香料諸島(モルッカ諸島)を目指しました。ファン・ネック艦隊とは違い、マゼラン海峡を通る西廻りルートです。結果は惨憺たるもので司令官のマフはアフリカ沖で亡くなりましたし、五隻のうち出発港のロッテルダムに戻ってきたのは一隻だけでした。それもマゼラン海峡の前で引き返してきたものです。ただ、この時に唯一、太平洋を渡りきって日本までたどり着いた船は、結果として日蘭関係の基礎を築いたわけです」

そう言われて、はっとした。これもまた日本史では有名な「事件」だからだ。

いわゆる「リーフデ号事件」だ。華やかな成功を収め、ドードーにも出会ったファン・ネック艦隊と比べるとあまりに無残な結果に終わったジャック・マフ艦隊の中で、唯一太平洋を渡りきったリーフデ号は、一六〇〇(慶長五)年、天下分け目の関ヶ原の戦いの直前の時期に日本に漂着した。乗員だったヤン・ヨーステン(Jan Joosten van Lodensteyn 1556頃–1623)やウィリアム・アダムス(William Adams 1564–1620, 後の三浦按針)らが日本に定住し、徳川家康に重用されたことはよく知られる。オランダがまずは平戸に、後には出島に、交易の拠点を与えられた伏線の一つがここにある。

本書の「堂々めぐり」は、一五九八年にオランダ人がモーリシャス島を訪ね、ドードーを文書に記して人の世に紹介したことを一つの起点とする。しかしそれと同時に、地球を逆回りして対照的な旅路をたどったオランダ人の船によって、日本が出島にドードーを迎える種も撒かれていたのである。日本に住む我々が、ドードーとの縁を「仕組まれていた」というふうに感じる瞬間でもあった。

2　驚異王の太った鳥

ヴンダーカンマー――驚異の部屋

一九世紀に自然史博物館という仕組みが各国で整備されるようになる以前において、裕福な収集家が集めた標本を陳列した、いわゆる「驚異の部屋」が自然史博物館の機能の一部を担っていた。自然史的な標本だけでなく、芸術や工芸などの人工物も含めた「宝物殿」「珍品室」というべきものだが、少なくとも、収集し、保管し、展示する、という営みがそこにはあった。

「驚異の部屋」が多く作られたドイツ語圏では、「ヴンダーカンマー」(Wunderkammer)、あるいは「クンストカンマー」(Kunstkammer)と呼ばれる。前者は、「自然界の驚異」(“Wunder”は、英語のWonderに相当)に、後者は「芸術」「技術」「人工物」(“Kunst”は、英語の“Art”に相当)に力点を置いた呼称だ。一方、英語圏では「キャビネット・オブ・キュリオシティーズ」(Cabinet of curiosities)と呼び習わされた。

当時はまだ科学としての分類学が勃興する以前だ。分類学の父カール・フォン・リンネの『自然の体系』(“Systema Naturae”)が刊行されたのが一七三五年、その第一〇版で「二名法」が確立するのが一七五八年だということを、覚えておこう。さらには、進化論の父チャールズ・ダーウィン(Charles Robert Darwin 1809–82)の『種の起源』の刊行は一八五九年であり、ドードーが現生の鳥類として知られた一七世紀という時代は、科学的な分類学もなく、現代的な意味での進化という考えも(逆に言えば「絶滅」という考えも)知られていなかった時代なのである。

そんな時に、欧州にもたらされたドードーの受け皿となったのは、科学というよりは、珍奇なものに惹かれる、飽くことない人の好奇心だった。そして、標本を受け入れ保存したのは、自然史博物館ではなく「驚異の部屋」だった。

モーリシャス島からヨーロッパ各国に散っていった一七世紀のドードーの中で、今、標本が残っているのは、チェコ、デンマーク、イギリスの三件のみだ。それぞれ「驚異の部屋」に受け入れられ、めぐりめぐって自然史博物館が所蔵することになった(と信じられている)。

ヨーロッパで最古のドードーとされる「プラハのクチバシ」から、まずは訪ねてみよう。神聖ローマ帝国皇帝で「驚異王」とも呼ばれたルドルフ二世(Rudolf II. 1552–1612)の「驚異の部屋」に由来し、後のドードーのイメージの礎にもなった、非常に「由緒正しい」ものである。

驚異王ルドルフ二世

ルドルフ二世は、一五五二年、オーストリア系ハプスブルク家のマクシミリアン二世(Maximilian II. 1527–1576, 神聖ローマ帝国皇帝、ボヘミア王、ハンガリー王)と、「スペイン黄金世紀」に君臨したスペイン系ハプスブルク家のフェリペ二世(Felipe II. 1527–1598, スペイン王、ポルトガル王)の妹、マリア・デ・アブスブルゴ(Maria de Habsburgo y Avis 1528–1603)との間に生まれた。

父マクシミリアン二世が、神聖ローマ帝国の帝位にありながらもプロテスタントに心惹かれ、旧教と新教との融和という野心を抱いていたのに対して、ルドルフ二世はむしろ政治への関心は薄く、一五七六年にウィーンにて即位した後、一五八三年には宮殿をプラハに移して、いわば隠遁する。のちにドードーをもたらしたオランダとの関係でいえば、当時のオランダ(ネーデルラント諸州による「ネーデルラント連邦共和国」)と宗主国スペインとの間で続いていた八十年戦争(一五六八〜一六四八年)の調整役として、一五七七年、弟のマティアスを送り込んだことが知られている。この調整は成功せず、兄弟の仲を大きく違えるきっかけの一つにもなった。

政治的な手腕については懐疑的な評価が後世なされているが、文化的なパトロンとしては、当代一、歴史上でも屈指の存在だ。彼の宮廷には、様々な分野の文化人たちが群れ集った。

例えば、多くの錬金術師たちがプラハ城内に住居を与えられた。現在もその区画は「黄金の小道」「黄金小路」と呼ばれ、観光の名所になっている。この時代の錬金術は科学としての化学が生まれる前夜ともいえる時期にあり、ルドルフ二世にとって錬金術師との交流は日常的なものだった。

一方、天文学者(占星術師)については、近代科学の幕開けのまさに前夜の、偉大な観測家であったティコ・ブラーエ(Tycho Brahe 1546–1601)、理論的探究に秀でたヨハネス・ケプラー(Johannes Kepler 1571–1630)を宮廷付占星術師として召し抱えた。ケプラーの大作『新天文学』("Astronomia Nova")は、ルドルフ二世の宮廷付占星術師だった一六〇九年に出版されている。この中で、惑星の運動を説明するケプラーの第一法則、第二法則が詳述された。

自然史・博物学の人材としては、医師で植物学者のカロルス・クルシウスもルドルフ二世のもとに出入りしていたことが知られている。クルシウスは、ファン・ネック艦隊の航海日誌からドードーの絵を書き写して後世に伝えたともされる人物でもある。

ルドルフ二世は、規模の大きなメナジェリー(前近代的な動物園)を持っており、珍しい動物を受け入れていた。また、各地から集めた様々な珍奇な物品(剝製などの動物標本も含む)を「驚異の部屋」に収めた。さらに、宮廷画家を召し抱えて、収集物の絵を描かせた。そのことが、後々のドードー史に大きな意味を持つことになる。

今はまず「プラハのクチバシ」の標本から確認していこう。

“2×100”——二〇〇年の驚異

チェコ国立博物館の鳥類キュレーター、ヤン・フシェク(Jan Hušek)と連絡を取り、標本を見せてもらうことになった。二〇一八年にオープンしたばかりの“2×100”と題された展示の中で、それは公開されているという。“2×100”は、前身のボヘミア博物館が設立された一八一八年から数えて二〇〇周年を祝うもので、「国立博物館が保管・保存する二〇〇〇万点以上のコレクションの中でも、最も重要で興味深い二〇〇点をよりすぐった」という触れ込みだ。

足を踏み入れると、細長い空間に所狭しと貴重な所蔵物を収めたアクリルのキャビネットが連なっていた。化石などの自然史ジャンルの標本も見られるものの、もっと雑多なもの、例えば「ドン・ジョバンニの初演のポスター」「古い宗教的なタペストリー」「中国の仏像」といった文化的なジャンルの方が多い。チェコの国立博物館は自然史部門が独立しているわけではない「総合博物館」で、こうやって重要標本を一箇所に集めると、ある種「最強のヴンダーカンマー」となる(図2-7)。

絶滅動物、それも「近代の絶滅」に関するものとして、「北のペンギン」オオウミガラスや、オーストラリアの有袋類版肉食獣フクロオオカミ(タスマニアタイガー)が展示されていた。

フクロオオカミの剝製に惹かれて近づくと、ちょうど真下のキャビネットにそれはあった(図0-22右上)。

頭骨はなくて、上顎(上クチバシ)のみ。モーリシャス島の沼沢地から見つかった標本のような暗い色の着色はなく、骨本来の白さを保っている。稠密な質感のある表面や、神経が通っていたであろう小さな穴など、ディテールがまさに本物《リアル》で、見ているだけで心拍が高まってきた。

クチバシの先の湾曲が、モーリシャス島で描かれた一六〇一年のスケッチよりマイルドなのが気になった。これは個体差なのだろうか……。真相は分からないけれど、個体差を意識することで、生き物の把握の仕方が変わる。つまり、概念としての抽象的な「種」ではなく、血肉を伴った個性あふれる個体の集まりを意識することになる。ドードーにもいろんなやつがいたのだろう、と当たり前のことを考える。

図 2-7　ヴンダーカンマーを思わせる“2×100”展示. 左下のキャビネットは「プラハのクチバシ」

ただ、これが本当にルドルフ二世のコレクションにあったものなのかどうかは、はっきりとした証拠があるわけではなく、いわば状況証拠なのだと、同行してくれたヤン・フシェクが語った。

「一八四七年、ボヘミア博物館の移設の際に再発見されたものなんですよ。当時のキュレーターが、分類されていない骨の山の中から見つけました。一六一二年にルドルフ二世が没した後で、そのような貴重な標本を購入する余裕がある人も機関も、チェコでは想定しがたいので、ルドルフ二世の標本であろう、ということになっています」

当時のキュレーターとは、医師で菌類学者のアウグスト・コルダ(August Carl Joseph Corda 1809–49)を指す。博物学が生物学に脱皮しつつあった時代の研究者の一人である。そして、一八四七年に再発見されたというのが、重要な点だ。この二〇年ほど後には、モーリシャス島でドードーの骨を産出する沼沢地が見つかり、一七世紀の生体由来ではない標本も多く流入するようになった。それよりも前に再発見され、なおかつ、沼に浸かっていた着色がないというのは、つまり一七世紀に連れて来られたドードーに由来する可能性を強く示唆する。

一八世紀から一九世紀前半まで、ドードーは一度、忘れ去られ、それどころか、昔の船乗りが見た幻の動物、信憑性が乏しい伝説のように考えられていた時期もある。「神に創造されたはずの動物が絶滅する」ということ自体、一八世紀にはまだ受け入れられておらず、一九世紀の前半になってやっと浸透しつつあった。(8) そんな中「分類されていない骨の山」からサルベージされたのが「プラハのクチバシ」なのである。

「おろかな超おろか鳥」

チェコの国立博物館は、プラハ中央駅から鉄道で二駅離れたホルニー・ポチェルニツェ(Praha-Horní Počernice)駅近くに収蔵施設・研究施設を持っている。

フシェクに収蔵庫を案内してもらった。日本由来の標本として、様々な魚類やオオサンショウウオの液浸標本を見せてもらった後で、鳥類標本の大部屋へ。以前の展示に使っていたという「ドードー

図 2-8　ドードーの脚の骨

の剥製」と、まずは対面することになった。

別の鳥の羽を使ってそれらしく設えたものだという。でっぷりした体つきといい、屈曲した首といい、伝統的なドードー解釈そのものだ。後述するルドルフ二世の宮廷画家ルーラント・サフェリーが描いたドードーにもとてもよく似ている。現状では収蔵庫のマスコットになっているような格好だが、今後、ドードーの新旧の復元について説明するような展示を作れば、また必要になるだろう。

鍵付きのキャビネットの中には、リョコウバト、カササギカモ、カロライナインコといった絶滅鳥類の剥製(本物)が並んでおり、さらに鍵がかかる金属ケースに“*Raphus cucullatus*”と書かれたラベルが添えてあった。つまりドードーだ。その中にもさらに小箱があって、それを開くと……気泡緩衝材(いわゆるプチプチ)に包まれた標本がやっと見えた。大腿《だいたい》骨から跗蹠《ふしょ》骨に至る脚、つまり、腿から接地部の直前までの一揃いだ。こちらは一九世紀に発掘されたものらしい[9](図2-8)。

それらを目の前に置きながら、フシェクと対話した。主な議論の内容は、チェコにおけるドードーについて。フシェクは手元にあった紙に、まずはこんなふうに書いた。

“Blboun Nejapný”《ブルボウン・ネヤプニー》

チェコでのドードーの歴史的な呼び名だそうだ。

「これが何を意味するかというと、まず、"Nejapny"《ネヤプニー》は「おろか」(Stupid)で、"Blboun"《ブルボウン》は「とてもStupid」という意味です。そんな不名誉なイメージがドードーにはあって、今も払拭されていません」

日本語にすれば、「おろかな超おろか鳥」。例えば「アホウドリ」に近いものがあるかもしれないが、繰り返している分、もっとひどい。

「でも、学校の博物館訪問などに対応していると、人が関与した近代の絶滅というのは、強い印象を与えることが分かってきました。それは伝えなければと思っていて、ドードーが格好の教材です」

「人間が引き起こした絶滅」の訴求力には強いものがあり、今、欧州各国の自然史博物館ではドードーをその中心に置いた展示を作っている。本家のひとつであるチェコでは、その潜在的な意味が見逃されてきたけれど、今後は活用していくとフシェクは語っていた。

欧州最初の本格ドードー画はスリムだった

プラハに由来するドードーの「標本」としては、一七世紀に生きていた個体の骨以外にも、もう一つ重要な系統がある。つまり、絵画だ。ルドルフ二世が召し抱えた宮廷画家たちがドードーの絵を残しており、そういった意味でもプラハはドードー史の重要な結節点である。

宮廷画家のうち最も有名なのは、ジュゼッペ・アルチンボルド(Giuseppe Arcimboldo 1527頃–93)だということは異論がないだろう。様々な果物、野菜、花で形作られた「ウェルトゥムヌスとしての皇帝ルドルフ二世像」はよく紹介されている。しかし、アルチンボルドは、一五九三年、ドードーが来る前に亡くなった。だから、本書の「堂々めぐり」の文脈では、一六〇〇年代以降の「ドードー世代」の画家たちが重要だ。彼らの描いた絵や目録の記録から、宮廷にいつ、どんな状態で(生きていたのか死んでいたのか)、何羽来たのか、ということのヒントが得られるかもしれない。

プラハで最初のドードー画[10]は、一六〇二年頃に描かれたものだとされ、それがそのまま、知られている中で最初のドードーの彩色画でもある。一五九八年にファン・ネック艦隊がドードーを「発見」した後、驚くべき早さでドードーがプラハの宮廷にもたらされたことになる。

描かれたドードーの体色は暗く、我々のイメージよりもかなりスリムだ。立った状態で描かれてはいるものの、モデルは剝製だったのではないかともされる。というのも、黒っぽい顔やしなびた頭頂、ねじれた翼などが、当時の不完全な剝製技術によって劣化が進んだ状態だと判断しうるからだ。

一方、ルドルフ二世の所蔵品カタログには、一六〇九年の時点でドードーの標本が記録されている。それがこのドードーと同じ個体だったかというと、実は齟齬がある。目録には体色が「汚れた白」とされていて、一六〇二年の油彩画の暗い色とは一致しない[11]。

ということは、絵のモデルになったドードーと、目録にあるドードーの剝製は別個体であり、ルドルフ二世の宮廷には最低でも二羽がやってきたのかもしれない。これは十分ありうる話だ[12]。

サフェリーと白ドードー

一六〇二年の油彩画は、ヨーロッパで実物を見て描かれた最初のドードー画でもあり、その後のドードーの図像に影響されることがない(影響されようがない)オリジナリティが高いものだ。それゆえ、非常に価値が高い。ところが、この油彩画よりも、はるかに大きな影響を後世に及ぼした絵画(群)があり、それもやはりプラハの宮廷由来だ。

フランダース系の画家、ルーラント・サフェリー[13](Roelant Savery 1576/78–1639)(図2–9)が一六一一年以降に描いた数々のドードー画がそれにあたる。サフェリーは、一六〇五年から一六一二年、つまりルドルフ二世の在位最後期に宮廷画家をつとめ、その間にドードーを見たと考えられている。そのサフェリーが描いたドードー画が、いくつかの点で後世に甚大な影響を与えた。

図2–9　ルーラント・サフェリー

一つ目は、ルドルフ二世の宮廷の目録に書かれた「汚れた白」のドードーが関わることだ。一六一一年の「動物とたわむれるオルフェウスの光景」(Orpheus Playing to the Animals in a Landscape)において、サフェリーははじめてドードーを描いたとされる。画面の右端に小さく描かれたドードーは横を向いており、白っぽい体と黄色い翼を持っている(図0–16)。絵の中で陽が差している右半分には、白っぽい体色を持った動物たち(白馬、白いウシ、そして白いシカ！　空にはハクチョウやサギなど様々な白い鳥)が描かれている中で、ドードーもその一員となっている。

これは目録の記述と合っており、サフェリーはそのドードーをもとにこの絵を描いたのだろうと考えられる。いや、それどころかもっと突っ込んだ解釈がなされてきた。これはモーリシャス島産ではなく、レユニオン島産の白ドードーだと理解され、前節で紹介した

「ヴィトホースの白ドードー」などと合わせて、実際には存在しなかったレユニオンドードーの最も古い絵画記録とされてきたのである。のちに蜂須賀正氏が白ドードーをさらに二種に分けて学名までつけようとしたことの根っこの一つがここにある。(14)

ルドルフ二世の没後、サフェリーはオランダの在野で作家活動を続け、多くのドードー画を残した。それらのほとんどは風景などの中にドードーが小さく描きこまれる同タイプの作品だったが、次第に暗い体色のものが描かれるようになり、一六二九年頃の最後期のドードー画「動物たちがいる光景」(Landscape with Animals)では、暗黒ドードーと言ってもいいくらいのものになった(図0-17)。これは時間がたつとともに、オリジナルの白っぽいドードーの印象が薄れたからだとも、一六二六年頃にアムステルダムに来た別のドードーを見る機会があったからだともいわれているものの、真偽は分からない。

世界で一番有名な「ジョージ・エドワーズのドードー」

サフェリーのドードー画が後世に与えた影響として、二つ目はもっと広汎かつ徹底的なものだ。序章でも紹介した一六二六年頃のドードー画は、サフェリーがはじめてドードーを単体で取り上げた「ドードーの肖像画」とでもいうべきものだ。のちにイギリス鳥類学の父とも呼ばれる鳥類学者・画家のジョージ・エドワーズ(George Edwards 1694-1773)が所有したため「ジョージ・エドワーズのドードー」と呼び習わされ、現在はロンドン自然史博物館が所蔵している(図0-3)。

体色は暗く、翼と尻尾は黄色だ。これまで風景の一部のように描かれてきたドードーが、それ自体の細部をもって存在感を放ち、非常にインパクトがあるものになっている。これは、一六〇二年頃に宮廷で描かれた油彩画(図0-15)よりもかなりデフォルメされ、でっぷりと太った姿は野生動物らしからぬようにも見える。しかし、この図像が後世に大きな影響力を持ち、科学界の受け止めと一般のドードー理解の双方を決定づけた。

科学の世界では、一八六六年、ロンドン自然史博物館のリチャード・オーウェンがドードーの全身骨格を記述して論文を出版する際、「ジョージ・エドワーズのドードー」をなぞる形で復元した。復元画には輪郭をトレースした跡が残っている。オーウェン自身、この復元の誤りに気づき、のちにすらりとした体型に訂正したものの、一度広まったイメージを払拭するには至らなかった。

一般の人たちのドードーのイメージ形成には、一八六五年に出版されたルイス・キャロルの『不思議の国のアリス』が大きく寄与したといわれる。ジョン・テニエル(John Tenniel 1820–1914)が描いた挿絵(図0-1)は、「ジョージ・エドワーズのドードー」に即したもので、それが『アリス』のヒットとともに世界中に広がった。日本で「ドラえもん」のシリーズに出てくるドードーも、基本的にはその流れの中で形作られたものだ。一七世紀のチェコの宮廷から、二〇世紀、二一世紀の日本のマンガ、アニメに至るまで、イギリス経由で四〇〇年規模の矢印を引くことができるのである。

なお、サフェリーが太ったドードーを描いた背景には、彼自身の事情があったという説もある。後にルイス・キャロル(チャールズ・ドジソン)が、自らの吃音(Do-Do-Dodgson)から、ドードーを自分の代理として物語に登場させたのと同様に、[15] サフェリーも自分自身とドードーを重ね合わせていたのではないかというのである。サフェリーは多くの場合、動物たちをつがいで登場させているのだが、ドードーのみはたった一つの例外的なスケッチをのぞいて単独だった。また彼は、肖像画を見る限り太っており、生涯結婚しなかったことから、単独で描かれる太ったドードーは彼の「シグニチャー・イメージ」、つまり署名のようなものだったのではないか……。事実、彼のドードーは署名の近くに配されていることが多い。サフェリーはユトレヒトで過ごした晩年、おそらくはアルコール依存によって精神を病み、破産した上で孤独に亡くなったとされており、彼のドードーのイメージには物悲しい面も付与される。(16)

歩き回る三羽のドードー

最後に、サフェリーのドードー画の中で、ぼく自身が一番気に入っているものを紹介する。「ジョージ・エドワーズのドードー」を描いたのと同時期、つまり一六二六年頃の作品で、知られている中では、「単独ではない」唯一の例外だ。所蔵するアメリカ、カリフォルニア州の美術館の名を冠して「クロッカー美術館のスケッチ」(the Crocker Art Gallery sketch)と呼ばれている(17)(図2-10)。

ここでは三羽が一緒に描かれていて、さらに「動き」が見える。前にいる二羽のうち、右側のドードーは地面にある貝殻かなにかをついばもうとしており、左側のドードーは歩きながらそれを見ている。中央奥にいる三羽目は、かなり遠くに描かれていて、尻を向けて顔の半分だけをこちらに見せながら歩み去ろうとしている。それぞれ、生きた鳥が実際に見せそうなありふれた行動で、現実のとある瞬間を切り取ったようにも感じられる。

このスケッチを知ったとき、ぼくはサフェリーがルドルフ二世のメナジェリー(動物園)で実際に似

図 2-10 「クロッカー美術館のスケッチ」．1626 年頃

たシーンを見たことがあるのではないかと考えた。三羽が同時にいたというのは可能性としては薄いかもしれないが、ありえない話ではない。

とある天気のよいプラハの午後、彼自身の作中のオルフェウスのように動物たちに囲まれつつ、ドードーをスケッチする。三羽のドードーたちは、互いに意識し合いつつも、基本的には気ままに徘徊する。地面のものをついばみ、顔の半分で画家を睨みながら、去っていく……。

そんなシーンがあったとしても不思議ではない。

もちろん、これは妄想である。

ただ、彼が自分の目で見たドードーと、描いた絵の両方が、四〇〇年後の二一世紀になっても、かたや代表的な標本（「プラハのクチバシ」）として、かたや代表的な絵画群として、参照され、鑑賞され続けていることのありえなさ加減を考えると、このようなちょっとした妄想を書きつけるくらいは許されるだろうと思うのだ。

3　ドードーとオオウミガラス――一七世紀と一九世紀の間

まるで宝石のような――暗証番号付きで警報機付き

デンマークのコペンハーゲン大学動物学博物館は、大学キャンパス内のポップな雰囲気の建物をまるまる専有している。二〇〇四年、植物学部門と鉱物学部門とともに統合され、組織上は「デンマーク自然史博物館」となった。これらすべてが一箇所にまとまって名実ともに一つになるのは二〇二二年の予定で、取材した二〇一六年には動物学博物館は大学キャンパス内に残っていた。

鳥類キュレーターのジョン・フエルサ(Jon Fjeldså)に連絡を取り、展示と収蔵庫を見せてもらえることになった。

まずは、展示から。薄暗い照明の下で、テーマごとに分かれた展示が並ぶ中、ドードーは一番物々しい一角に置かれていた(図2-11)。暗証番号付きのロックが取り付けられており、キュレーターのフエルサですらその番号を知らない。無理に開けようとすると警報が鳴る。時価数十億円の貴重品のような扱いである。

標本番号ZMUC90-806。

別名、「コペンハーゲン・スカル(コペンハーゲンの頭部)」。クチバシから頭蓋まで、頭部の全てが残っている立派な標本だ。ぽつんと一つだけ置かれているのに、大いに存在感がある。

それをはじめて見た時、まるで宝石のようだと感じた(図0-22左上)。

盗難防止のための厳重な扱いゆえという部分もあるが、それ以上に、その骨自体が美しかった。うっすらと飴色にも見える白い表面はなめらかだ。筋肉の付着部などのざらついた部分ですらつややかに光っている。眼窩の輪郭がくっきりしており、死してなお眼光を失わないかのような印象を受ける。下顎、つまり、失われやすい下クチバシも完ぺきだ。表面の質感がとにかく豊かで、神経や血管の小さな穴などのディテールに富む。

小さな瑕疵といえば、展示の状態では見えない、脳頭蓋の腹側の底の部分が少し欠けているそうだ。これは一七世紀の剥製技術によるもので、頭骨から脳を取り除く時のダメージだという。標本としては傷だが、歴史的な一つのエピソードとして尊重すべきものでもある。

図 2-11　暗証番号付きのロックで管理され，展示されている「コペンハーゲン・スカル」

もっとも、これほどの標本が、一九世紀なかばまで長年存在を忘れられていた。一八四〇年に当時の王立自然史博物館キュレーター、ヨハンネス・ラインハルト(Johannes Theodor Reinhardt 1816–82)が、博物館の「古いゴミの山」の中にラベルのない頭骨を見つけ、それがドードーだと考えた。さらに一八四三年にはドードーはハトの仲間であると主張した。

「プラハのクチバシ」の再発見も、似た経緯をたどって一八四七年になされたことを思い出そう。ドードーが一七世紀中に絶滅した後、一九世紀中頃まで、ドードーをめぐる知識の暗黒時代があり、標本は見失われ、生き物としての存在すら疑われていた。だから一八四〇年代は、ドードーの再発見の時代であり、科学的な目で標本を見てドードーが論じられるようになった最初期なのである。

「コペンハーゲン・スカル」の由来

では、「コペンハーゲン・スカル」はどのような由来でここにあるのだろうか。かなり混み入っているのだか、ドードーの骨がどんな時代の波に翻弄されつつ今ここにあるのか、簡単に追いかけてみたい。「コペンハーゲン・スカル」は、「プラハの「堂々めぐり」の事案として、「長年忘れられていただけ」というものではなく、後述するイギリスの標本のようにクチバシ」のように一国内での移動に留まったものとも違う。まさに歴史に翻弄されたというのが相応しい。

- 一六〇〇年代前半にモーリシャス島からヨーロッパに来た。生きて到着したかは分からない。最初の記録では、オランダの医師で「驚異の部屋」の持ち主だったベルナルドゥス・パルダヌス(Bernardus Paludanus 1550–1633)のコレクションに収められていたことが認められる。
- 一六五〇年頃、シュレースヴィヒ＝ホルシュタインのゴットルプ城(ドイツとデンマークの国境地帯で、現在はドイツ領)の公爵に引き取られる。公爵は「驚異の部屋」を持っていた。
- 一六六六年、一六七四年、公爵に仕える地質学者・数学者のアダム・オリアリウス(Adam Olearius 1599–1671)が「驚異の部屋」の目録にこの標本らしきドードーの頭骨を記載。
- 一七〇三年頃、大北方戦争(Great Northern War)によって、城がデンマーク側の手に落ちた。
- 一七五〇年までにはコレクションはコペンハーゲンへと運ばれデンマーク王室の「驚異の部

屋」に収められた。しかし、ドードーが記された文書記録はない。
・一八二五年、デンマーク王室の「驚異の部屋」が閉鎖。コレクションは王立博物館に移された。
・一八四〇年、王立博物館キュレーター、ラインハルトが博物館内の「古いゴミの山」からラベルのない頭骨を再発見。
・一八四三年、ラインハルト、「ドードーはハトの一種」と主張。

一七世紀、一八世紀、一九世紀と、それぞれにエピソードがあり、実に複雑なことになっている。神聖ローマ帝国末期の諸侯・諸国の解体再編の中で最終的にコペンハーゲンに行き着いたというのも、深掘りすれば様々なトリビアか飛び出してくるだろう。

どうやって欧州にやってきたのか、生きた状態だったのか。そういったことはもちろん気になるし、さらにその後、どんな処理をされたのか、剝製にはなったのか、というのも知りたいところだが、記録はない。ここでは、モーリシャス島からの渡来以降、いくつもの「驚異の部屋」を経由して、近代的な自然史博物館に至ったことが分かるだけだ。

さらに、後に検討するイギリスでのドードー研究も含めて、関連するタイムラインを少し延長すると、次のようになる。

・一八四五年、オックスフォード大学のヒュー・ストリックランド(Hugh Edwin Strickland 1811–53)がコペンハーゲンを訪ね標本を調べ、オックスフォード標本と同じ鳥だと気づく。

・一八四七年、チェコのボヘミア博物館のコルダが、「プラハのクチバシ」を再発見。
・一八四八年、ストリックランドらがオックスフォード標本を詳細に調べ、"The Dodo and its Kindred"(『ドードーとその近縁』)を著す。「ドードーはハトの一種」であると説得力を持つ議論を展開。
・一八六五年、オックスフォード大学の数学教師チャールズ・ドジソン(ルイス・キャロル)が『不思議の国のアリス』を発表。
・一八六六年、ロンドン自然史博物館のリチャード・オーウェンが、モーリシャス島で新たに発見された骨を使いドードーの全身骨格を再現して論文を発表。

いかがだろうか。コペンハーゲン標本は、まずドードーがただの伝説ではなく実在であることを再確認し、さらには「ハト類である」と解明されるきっかけを与えたものといえる。科学界、一般界ともに、ドードーの知名度が爆発的に上がる「ドードーのビッグバン」を準備したと位置づけられる。(18)

「元祖ペンギン」の顚末

これにて、コペンハーゲンのドードーについてのエピソードは一段落のはずだった。絶滅のきわで欧州にもたらされ、複雑極まりない経緯をもって近代をサバイバルした標本が、現代に伝えられた奇跡を体感できたことが、コペンハーゲンを訪ねた最大の収穫で、それ以上のものは望んでいなかった。

しかし、鳥類キュレーターのフエルサは、当然とでもいうように「きみはこれも見たいだろう」と、別の展示へと導いた。

ドードーと並ぶ絶滅鳥類界の二大スターの一つ、「北のペンギン」オオウミガラスだ(図2–12)。

結論からいうと、ぼくはフエルサが考えた通り、ものすごくその展示に引き込まれた。それどころか、横っ面を張られたような衝撃を受けた。大げさに思われるかもしれないが、本当にそれだけの強烈なインパクトを持った展示だった。

背景から徐々に掘り起こしていこう。

まず、基礎知識。オオウミガラスは、その名の通り体の大きな飛べないウミガラスである。北大西洋、北極海に分布していたが一八四四年に絶滅した。学名を“*Pinguinus impennis*”といい、つまり、ピングィヌス属だ。南極のペンギンは、オオウミガラスに似ているためにペンギンと呼ばれるようになった。だからオオウミガラスはよく「元祖ペンギン」として言及される。

図2–12　オオウミガラス夏羽標本と背後の標本壜

絶滅の経緯は、人間の活動が大いに影響している。船乗りの食料としても重宝されたため数を減らし、一九世紀のはじめにはアイスランド沖の岩礁でだけ繁殖するようになっていた。その岩礁は、人間がアクセスしにくい理想的な営巣地だったものの、一八三〇年に海底火山の噴火によって失われた。生き残った五〇羽ほどは近くのエルデイ(Eldey)島という岩礁島に移り住んだ。

この時点で欧州の自然史博物館はまさに黎明期にあり、標本としてオオウミガラスを求めた。地元漁師などが舟を出し捕獲して、仲介業者を通じて各地の博物館や収集家に売却する動きが加速した。

運命の一八四四年、最後に残ったオオウミガラスのつがいが、博物館需要を受けた漁師に撲殺・絞殺された。現在、オオウミガラスの標本は、世界中でも、剝製が八〇体ほど、全身骨格が二〇体ほど、卵が七〇個ほど残っているだけだ。ただし、その後かなりの間、オオウミガラスはどこかで生きていると考えられており、絶滅に異論がなくなったのは二〇世紀になってからだった。

こういった一連の事情については、イギリスの画家で作家、エロール・フラーの『オオウミガラス』("The Great Auk", Harry N. Abrams Inc., 1999)に詳しい。現存する標本すべてを網羅して記述した鬼気迫る労作である。

ラインハルトが入手した貴重な「冬羽」の剝製

さて、コペンハーゲン動物学博物館のオオウミガラス・コレクションの特徴は、「重要標本」に絞られていることにつきる。所蔵する剝製は二羽だけだが、それぞれが特徴のある貴重なものだ。

アイスランドから大陸に標本を運ぶ際、コペンハーゲンに水揚げされるのが常で、当時の王立博物館キュレーターは、多くのオオウミガラス標本に接する機会があった。フラーによれば、王立博物館を経由して各地の博物館や収集家に販売されることも多く、一八三一年にはエルデイ島で捕獲された二四羽のうち二〇羽を入手してのちに売却したという。こういった中、最良の標本のみを手元に置くことができた。なお、この時のキュレーターは、一八四〇年にドードーの頭骨を再発見したラインハルトその人だ。オオウミガラスとドードーの絶滅は、二世紀の隔たりがあるが、結果として同時期に同じ研究者が、ドードーとオオウミガラスの標本について大きな役割を果たした。[19]

コペンハーゲンの二羽の剝製のうち、特に重要とされるのは「コペンハーゲンの冬羽」(Copenhagen's winter Auk)と呼ばれるものだ(図2-13)。北極圏の冬に捕獲しなければならないので、通常は入手できない。一八一五年頃にグリーンランドのイヌイットが捕獲して剝製にされたものを、一八四二年、価値を見抜いたラインハルトが購入した。現在の展示に出ているのはもう一羽の標本「コペンハーゲンの夏羽」(Copenhagen's summer Auk)なので、ぼくは「冬羽」を収蔵庫で見せてもらった。夏羽に比べて頭部の白いパッチ模様が曖昧で、見慣れた夏羽を基準に考えれば「不完全な標本」に見える。ラインハルトはこれを買い叩けるにもかかわらず、通常の三倍の価格を支払ったという。

図2-13　冬羽のオオウミガラス．協力：コペンハーゲン自然史博物館

ガラス瓶に浮かぶ眼球の液浸標本

さて、オオウミガラスの展示の話に戻る。

「夏羽」の剝製が、足元に卵を置いた状態でたたずむようなセッティングで置かれているのが、まずは目に入る。何も知らないでこの展示の前に立った人は、「夏羽」の美しい剝製がペンギンにそっくりなことに驚き、足元に置かれている本物の卵の大きさや、やや先端が尖った形や、表面の複雑な模様に見とれ、「昔こんな鳥がいたんだね」「絶滅して残念」と思って去っていくだろう。

たしかに、夏羽の標本も見事なものだし、足元の卵も見応えがある。それは間違いない。でも、それだけで済ましてしまったら、きわめて残念なことになる。

「夏羽」の背後の棚には、少し場違いな感じもする四本のガラス瓶が置かれている。それぞれアルコールが満たされており、中には色あせて白っぽくなった軟組織の標本が収められている(図2-12)。

まずは一番右端にあるガラス瓶に目を引きつけられた。

直径数センチのややひしゃげた球が、底に沈んでいるだけでなく、瓶の中ほどにも吊られて浮かんでいる。退色のせいで最初は何なのか分からなかったが、よくよく見ると眼球だった。宙吊りになっているものが一つ、瓶の底には三つあり、つごう四個、二羽分ということになる。

とすると、他の三つの瓶に収められているものはなんだろう。

眼球の左隣は気管と肺だ。さらに隣は、心臓、一番左は、消化器の一式だと分かった。

心臓と消化器の標本には、ラベルがつけられており、アルコールの中に沈んでいた。*Alca impennis* と判別できた。オオウミガラスの古い学名だ。さらに、オス(♂)という性別と一八四四という年代も読み取れた(図2-14)。

呆然とせざるを得なかった。

一八四四年に採集された標本。それも二羽分。つまり、オオウミガラスの最後の二羽!

そこまで理解した瞬間、体が震えた。こんな形で会えるとは思わなかったし、そもそも軟組織が残っているとも思っていなかった。絶滅動物、特に、近代の絶滅種は、「会えそうで会えなかった」という悔恨の対象である。一八四四年の最後のつがいは、その悲劇性や人間の愚かしさゆえに、特段、

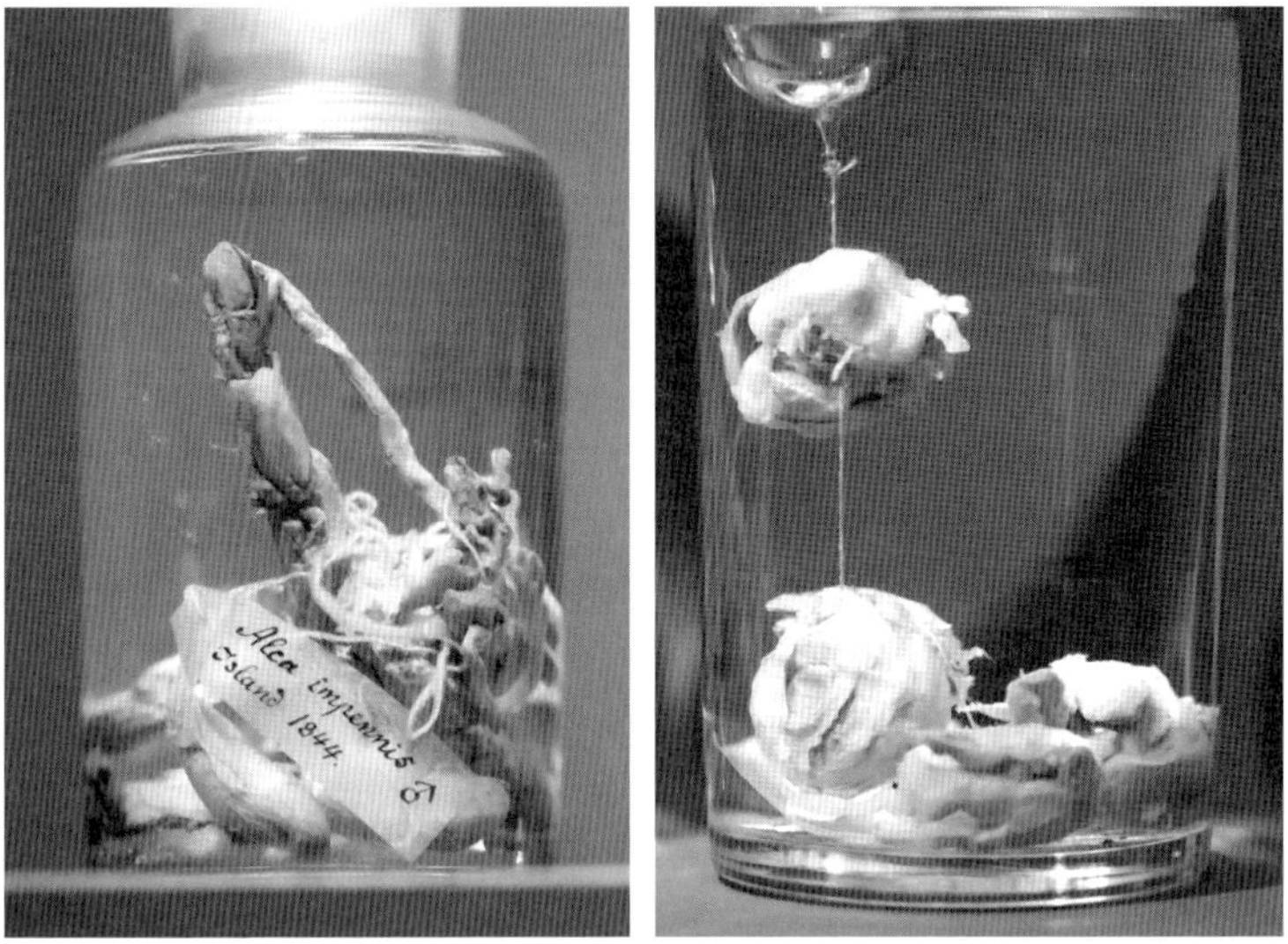

図 2-14　1844年に捕獲された「最後の2羽」のオオウミガラスの眼球(右)と内臓(左)が入った標本壜

悔恨の念を強く感じさせる。こんな生々しい液浸標本を目の当たりにすると、なおさらだ。

収蔵庫でも、さらに肺や腸管やその他の内臓の液浸標本を見せてもらった。二羽に由来するすべての液浸標本はコペンハーゲンで保管されているという。これらを撲殺・絞殺した漁師たちは、船上で内臓を取り出し、自分たちの飲用だったアルコール度数が高い蒸留酒、ジンに漬け込んで保存したそうだ。結果的にそれが、オオウミガラスの最後にして唯一の(唯二の)内臓標本となった。

なお、この時に同時に来たはずの剝製がどこに行ったかというと、フラーの調査などにより、ベルギーの王立自然史博物館(ブリュッセル)とアメリカのカリフォルニア州立自然史博物館(ロスアンゼルス)にあるものがそうだろうとされている。

あらためて、ドードーとの違いを思う。

それは、一七世紀と一九世紀の間にある壁でもある。富裕層が「驚異の部屋」に珍奇な物品を集めていた一七世紀から、自然史博物館が確立した一九世紀に至るまでの間に、「科学」としての生物学的知識の蓄積、標本についての意識や記録の仕方の変化、剝製技術や液浸技術の進歩など、多くのことが起きた。二一世紀の今から見れば、一九世紀だろうが一七世紀だろうが「昔」であることに違いないが、今現在から振り返る一九世紀よりも、「コペンハーゲン・スカル」が再発見されたりオオウミガラスが絶滅した一八四〇年代から振り返る一七世紀の方がずっと遠いと意識しておこう。

ドードーはオオウミガラスよりも遥かに遠い。

コペンハーゲンを訪ねたのは、まさに「ドードーをめぐる堂々めぐり」の一環で、それ自体、実りあるものだった。しかし、それに加えて、「人間がもたらした絶滅」と一言で語られることの背後にある時間的空間的な広がりをあらためて胸に刻む旅ともなった。

4　アリスの国のドードー——それは一つのビッグバン

ドードーのビッグバンと "as dead as the Dodo"

欧州における一七世紀のドードー渡来、その実在すら疑われた一八世紀の「暗黒時代」、そして一九世紀の再発見とドードーのイメージの「ビッグバン」をたどる旅は、いよいよ最終章に近づいた。

今度の舞台は、イギリスのオックスフォードだ。一八四八年、この大学町において、鳥類学者・地質学者のヒュー・ストリックランドらが、ドードーの骨を詳細に検討し、これによって、ドードーが実在した飛べないハト科の鳥だったと生物学的なリアリティを得た。

そして、一八六五年、同じくオックスフォード大学の数学教師チャールズ・ドジソン(ルイス・キャロル)が『不思議の国のアリス』("Alice's Adventures in Wonderland")を発表し、その人気とともにドードーは世界的に著名な絶滅鳥、絶滅の偶像になっていく。

この時期に「ドードー」が、英語の日常的な語彙にも入り込んでくる。一八三三年のイラスト付き大衆情報誌『ペニーマガジン』では、ドードーをはじめて「人が引き起こした絶滅の事例」としてイラスト付きで紹介した。その記事では、ドードーをこんなふうに述べている。[20]

「劣等な動物の増加を制限し、ある種族を絶滅させた人間の力は、ドードーの場合ほど、衝撃的な形で例証されたことはないだろう。これほど際立った特徴を持つ種が、その存在の事実が疑われるほど、わずか二世紀余りの間に絶滅してしまったことは、私たちを驚かせるとともに、同じ原因で今も続いている同様の変化について検討するきっかけとなるだろう」

その直後の一八三九年、進化論の父チャールズ・ダーウィンは、『ビーグル号航海記』において、一度だけドードーに言及した。それはモーリシャスを訪ねた時ではなく、フォークランド諸島のワラ(フォークランドオオカミ)について、「数年以内にドードーのような絶滅動物に加わるだろう」としたものだ。「絶滅」を認識した上で、ドードーをその代表的な例として引いているのである。[21]

さらに時代が下って、ストリックランド論文以降の一八五〇年代から、日常的な慣用表現として「ドードー」が使われはじめるのが、英米の新聞紙面検索で確認できる。

例えば、一八五一年の「ザ・スタンダード」紙(ロンドン)で"as rare as the Dodo"が、一八五二年の「ザ・モーニング・ポスト」紙(ロンドン)で"as dead as the Dodo"が、一八五三年の「ジ・エラ」

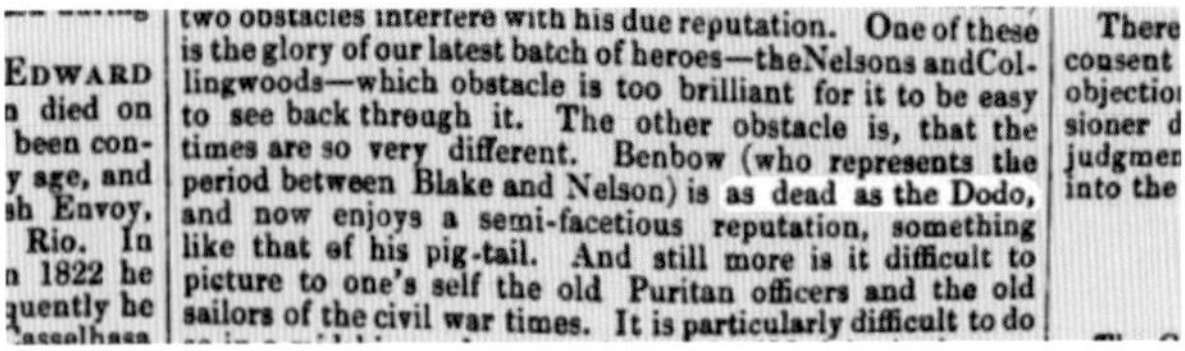

EDWARD
n died on
been con-
y age, and
sh Envoy,
Rio. In
n 1822 he
quently he

two obstacles interfere with his due reputation. One of these is the glory of our latest batch of heroes—the Nelsons and Collingwoods—which obstacle is too brilliant for it to be easy to see back through it. The other obstacle is, that the times are so very different. Benbow (who represents the period between Blake and Nelson) is as dead as the Dodo, and now enjoys a semi-facetious reputation, something like that of his pig-tail. And still more is it difficult to picture to one's self the old Puritan officers and the old sailors of the civil war times. It is particularly difficult to do

There
consent
objectio
sioner d
judgmen
into the

図2–15 "as dead as the Dodo".「ザ・モーニング・ポスト」紙(1852年)

紙(ロンドン)で"as extinct as the Dodo"が使われている。すべて「死に体である」「稀である」といった意味だ[22](図2–15)。

当初は"rare"と"extinct"が優勢だったものの、『アリス』後の一八七〇年代になると、"dead"が多用され、用例が爆発的に増えていく。一八七六年の「ザ・シドニー・モーニングヘラルド」紙(オーストラリア・シドニー)、一八七八年の「ザ・フォールリバー・デイリー・ヘラルド」紙(アメリカ・マサチューセッツ州)といったふうに英語圏で普遍的な慣用表現にもなっていく。

オックスフォードにおけるドードーの「再発見」は、『不思議の国のアリス』という稀有な作品を触媒にして、まずは英語圏に、さらには世界にこの不思議な鳥を知らしめた。今でも『不思議の国のアリス』を愛する観光客を集め、自然史博物館には最重要標本を所蔵するこの地を訪ねることは、「ドードーのビッグバン」を振り返ることでもある。

「不思議の国」と進化論の大論争

オックスフォードを訪ね、ドードーの標本がある博物館を訪ねる前に、まずはクライストチャーチ学寮に向かった。チャールズ・ドジソン(図2–16)が数学講師として在籍し、学寮長(Dean)の娘アリス・リデル(Alice Pleasance Liddell 1852–1934)と出会ったいわば「聖地」だ。『アリス』の分厚い文学史研究の森の中で、本書ではあくまでドードーとの関係において表層を撫でる程度に留まるが、それでもまずは見ておきたいと考えた。

オックスフォード駅からクライストチャーチ学寮までの道のりを歩くと、近づくに従って次第に「アリス濃度」が高くなっていくのが体感できる。有名なグッズ専門店「アリスの店」や、喫茶店「マッドハッターのティーパーティ」などが学寮周辺に見られる。テニエルが描いたアリスとドードーの挿絵のコピーも、店の飾り棚にさりげなく掲げられたりしている。

『アリス』の中のドードーは、涙の池でずぶ濡れになったネズミたちの体を乾かすためにぐるぐると同じ場所を円を描いて走り続ける「コーカスレース(Caucus-Race)」、いわば、堂々めぐりを提案する。そして、みんなで走り終えた後で、「みんな勝ったんだ。だからみんなが賞品をもらわなければならない(“Everybody has won and all must have prizes”)」と宣言する。これがまさに「ドードーをめぐる堂々めぐり」のはじまりだ(とぼくは思っている)。

図2-16　チャールズ・ドジソン

さて、学寮内の「大広間(Great Hall)」には、「アリスの窓」と呼ばれる一連のステンドグラスがあり、そのうちの一つにはアリス・リデルの肖像と物語の中のアリスが、別のひとつにはチャールズ・ドジソンの肖像と物語の中のドードーの絵が、それぞれ描かれている。『アリス』のファンにとっては有名な逸話だが、吃音のあったドジソンが、自らの名を“Do-Do-Dodgson”と発音したことからドードーに自分自身を投影したとされる。だから、このステンドグラスではドジソン本人の肖像とドードーが一緒に描かれているわけだ。

『アリス』においてドードーは、マッドハッター、チェシャ猫、グリフォン、代用ウミガメなどの不思議なキャラクターと一緒に登場しつつ、一段高い次元で作品と現実世界との接点となるものだ。ドジソンにとって物語の中で自らを登場させる「依り代」で、テニエルの挿絵ではドードーだけ他の動物とは違って人間の(それも成人男性の)手を持っている。(23)

ドジソン自身は、写真撮影の趣味の中で、一八五七年、クライストチャーチ学寮にあった解剖学博物館から、新たに開館する大学の自然史博物館へと移される標本を、記録のために撮影している。マンボウ、アリクイ、ニュージーランドの飛べない鳥キーウィといった動物の全身骨格などだ。その後、一八六〇年に自然史博物館が開館すると、ドジソンは定期的に訪れるようになった。(24)そこで見る絶滅鳥ドードーは、いつしかドジソンにとって格別な存在となり、またドードー側にしてみても後に世界的な偶像になっていくきっかけとなる運命の出会いだった……。(25)

そんなことを考えつつ、クライストチャーチ学寮を後にして、ドードーの標本があるオックスフォード大学自然史博物館へ。途中から博物館のサインがあちこちに出ていたので、胸が高鳴った。サインにも大きくドードーが描かれており、不思議の国のドードーから、博物館にいる絶滅鳥のドードーへ、自然と頭の中が切り替わっていく。この過程がシームレスに起きるのがオックスフォードだ。

博物館前に建てられた石碑には、こう書いてあった。

「一八六〇年六月三〇日、トマス・ハクスリーらが、チャールズ・ダーウィンの「種の起源」についてこの博物館でディベートした」

じーんと胸に熱いものがこみ上げてきた。

オックスフォード大学でのドードー研究(一八四八年)と『不思議の国のアリス』(一八六五年)の間には、チャールズ・ダーウィンの『種の起源』(一八五九年)が刊行されており、まさにこの地は、進化論の受容にとって大きな局面となる公開論争の舞台となった。この建物が博物館として開館した一八六〇年、お披露目もかねて開催された英国科学振興協会の第三〇回年次総会がそれだ。

論争の当事者は、オックスフォード大司教のサミュエル・ウィルバーフォース(Samuel Wilberforce 1805–73)と生物学者で「ダーウィンの番犬」とも呼ばれるトマス・ハクスリー(Thomas Henry Huxley 1825–95)だ。(26) ウィルバーフォースが「あなたはサルの家系だそうですが、それは祖父方ですか、それとも祖母方ですか」と尋ね、ハクスリーが「私はサルが祖先であることを恥じません。豊かな能力を駆使して詭弁をふるう人物を先祖にもつ方がよほど恥ずかしい」と応えたと語られるが、逐語的な記録はないため、正確な言い回しは分からない。もっと婉曲な、しかし舌鋒鋭いやりとりだった可能性もある。

いずれにせよ、この公開論争は進化生物学の勃興期の重要イベントの一つと考えられており、アリス、ドードー、進化生物学の誕生、すべてがこの場において、同じ時代、同じ空気の中にあったというのは覚えておくべきことだ。

アリスの自然史博物館

いよいよ博物館の中へ。そこはアリスとドードーが中央に鎮座するまさに驚異の国《ワンダーランド》だった。

作中に登場する動物たちをテーマにした「ザ・リアル・アリス」というコーナーがあって、『不思議の国』『鏡の国』に登場した様々な動物が、本物の標本で示されている。ジャバウォックのような想像上の生き物はともかく、「モデル」がいるものをオックスフォードの標本で構成しましょう、という趣向だ。

例えば、アリスの涙でできた池を泳ぐネズミは"wood mouse"。OUM23603という標本番号まで添えられている。OUMは、オックスフォード・ユニバーシティ・ミュージアムの略だ。他にも、標本ナンバー付きのウサギやシカやセイウチなどが、物語の中から引用された語句や挿絵とともに展示されていた。

そして、その隣にあって、『アリス』とつながりつつ、独自の輝きを発するのが、我らがドードーだ。パネルまるまる一枚をドードーだけに費やしており、メインの図像としては、有名なルーラント・サフェリーの「ジョージ・エドワーズのドードー」(図0-3)を使っている。この絵画のオリジナルは、ロンドン自然史博物館が所蔵しているため、ここに掲げられているのは複製だ。オックスフォード大学自然史博物館本来の所蔵品としては、ルーラントの甥にあたるヤン・サフェリー(Jan Savery 1589–1654)が、伯父の絵を参考に描いた一六五一年のドードー画があり、ドジソンが見たのはそちらの方だとされる(図2-17)。しかし、現在は展示に出ていない。

またドードーの標本としては、ロンドン自然史博物館の全身骨格のレプリカと、それをもとにした復元模型(フェイクの剝製)。オックスフォード大学は、歴史的に重要なドードーの研究拠点だが、完全な骨格標本は持っていない。

では、この博物館が所蔵する「オックスフォード・ドードー」とは、どんなものか。

それは、頭部と左脚、だ。それも、皮膚が残っており、これは世界でただ一つ残されたドードーの軟組織なので、まさに唯一無二。「オックスフォード・ドードー」を特別なものとしている点だ。

二つの箱の中に入っていたもの

オックスフォード大学自然史博物館のキュレーター、マルゴシア・ノワク－ケンプ(Malgosia Nowak-Kemp)が標本を見せてくれた。彼女は絶滅哺乳類の専門家だが、自らが管理するドードー標本についても、ロンドン自然史博物館のジュリアン・ヒュームとともに二篇の論文にまとめている[27]。

彼女に導かれて、職員以外立入禁止のエリアに入ると、パソコンや撮影台が置いてある作業用の小部屋に、「PR」と大きなラベルが貼られた箱が二つ準備されていた。靴を買った時についてくるような細長い紙箱で、それぞれ紳士物の革靴サイズと、子どものスニーカーサイズだった。

図2-17　ドジソンが見たヤン・サフェリーのドードー(1651年)

「PR」というのは、プライオリティ(priority)の「PR」だそうだ。例えば火事などで、手に持てる範囲で標本を持ち出さざるを得ない時、まずこの「PR」ラベルがついたものを優先するという。

ノワク－ケンプが大きな方の上蓋をあけると、中から黒ずんだミイラのようなものが見えた。

ドードーの頭部！　それも、二つ？　と混乱する(図0-22中)。

「標本が二つある？」

「いいえ、一つです。顔の左側の皮を研究のために剥がしてあるから、二つに見えるだけです」

ノワク－ケンプは使い捨て手袋をつけ、その頭部を取り上げると、テーブルの上に丁寧に置いた。頭骨に半面の骨と皮がくっついた状態のものと、皮だけの半面だ。後者は、中身がないので光のめぐりがよく、薄い茶色に見える。

ふうっとため息をつく。今、眼の前にあるものは、様々な意味で「本物」だ。骨だけをみるのではなく、皮まで残っているというのは、イメージの喚起力がまったく違う。解剖学の訓練を受けて骨から多くの情報を読み取るプロでもないかぎり、その差は大きい。ぼくの場合、オックスフォード標本をこの目で見た時、はじめて理屈ではなく、この鳥がかつて生きて動いていたのだと想像できた。

「この子」(と呼ぼう)は、今から三五〇年ほど前には生きてモーリシャス島におり、その後、生きたままイギリスに連れて来られた。オスかメスかということは分かっていないし、捕獲したのが誰かも分からない。これまで「俗説」的に語られてきたこととしては、かつてロンドンのとある商店の裏庭で飼われて見世物にされていた個体をある神学者が目撃しており、それが死後、私設博物館を経て、最終的にはオックスフォード大学に収められたものだとされる。当初は全身が保存されていたが、一〇〇年ほどたった一八世紀中に傷みが激しくなったため焼却されようとしたまさにその瞬間、頭部と脚だけがある学芸員によって「救出」されたという逸話も語られる。ただ、これらは、史実と推測と想像がごちゃまぜになっているようで、ここではノワク－ケンプとヒュームが前述の二篇の論文で詳細に検討したことをもとにして、簡単に振り返っておこう。

「オックスフォード・ドードー」の来歴

オックスフォード標本は、どこから来たのか。

まず、モーリシャス島からいかにしてイギリスに連れてこられたのかは謎に包まれている。確実に分かっているのは、一七世紀の博物愛好家で、王室の庭師でもあったジョン・トラディスカント(John Tradescant 1570頃–1638)と同名の息子(1608–62)が欧州各国、北アフリカを訪ねる中で収集したコレクションを収めた「驚異の部屋」に所蔵されていたということだ。後に「トラディスカントの方舟」(the ark)と呼ばれるようになるもので、一六二〇年代後半にはロンドンの中心部からテムズ川を渡ったサウス・ランベスにあった。この「方舟」には、球根、樹木、植物、種子といった自然史の標本だけでなく、衣服、靴、武器、道具、コイン、メダルといった人工物も多く所蔵されており、当時の大陸部の「ヴンダーカンマー」にならった構成になっていた[28]。

ただし、大きな違いとしては、貴族や富裕層など限られた来客に対して開陳するスタイルではなく、一般に対して開かれていたことが挙げられる。入場料を支払えば誰でも入場でき、当時のロンドンの観光名所として人気があったという。

「方舟」がドードーを所蔵していたと確認されるのは、一六五六年のカタログに記入されているからだ。“Whole Birds”、つまり鳥の全身標本というカテゴリーの中に、「ドードー、モーリシャス島より。とても大きいため飛べない(Dodar, from the Island Mauritius; it is not able to flie being so big.)」と記入されている(図2–18)。現在、オックスフォード大学に残っている脚の骨には、展示用に補強するなどした形跡がないことから、この時の全身標本は、生きている時の姿を再現して見せる本剥製ではなく、

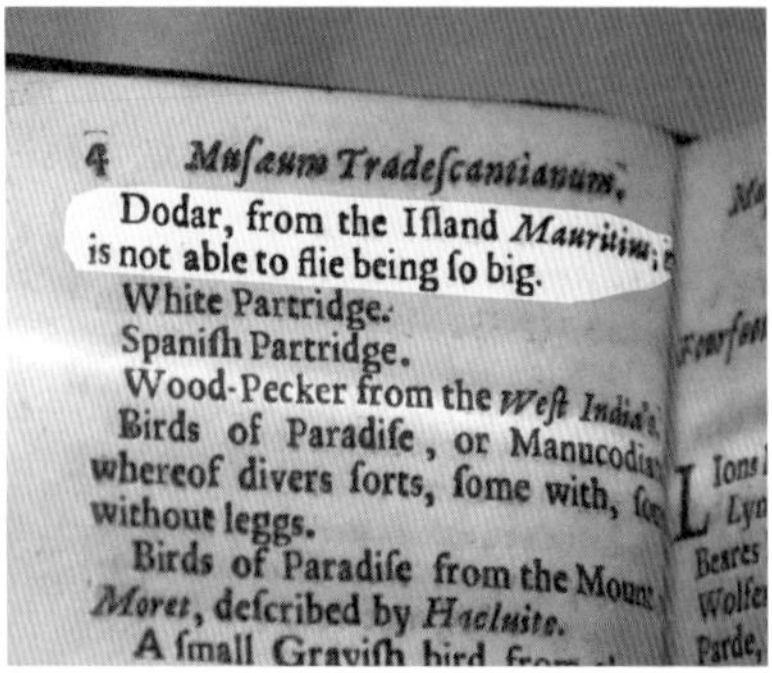

図2-18　トラディスカント父子の「方舟」で，ドードーが記された目録(1656年)．ガーデンミュージアム展示

骨と少しの詰め物をした状態の皮を壁に吊るすか台の上に置くかして展示されていたと推測される。

では、その標本はどこから来たのか。一番有力な仮説は、一六三八年頃、神学者ハモン・レストレンジ(Hamon L'Estrange 1605–60)がロンドンの通りで見世物にされているのを目撃し、日記の中に書き記したドードーがそれだ、というものだ[29]。当時、トラディスカント家が最も有名な自然史標本の収集家であり、また見世物にされていた場所が「方舟」に地理的に近かったことから、このドードーの死後、そちらに渡ったのではないかとされる。

ただし、他にも可能性はある。例えば、一六二八年にモーリシャス島を訪れたエセックスの大地主エマニュエル・オルサムが弟にあてた手紙で、ドードーを生きたまま送る旨を伝えた件を結びつけて考える研究者もいる。

さらには、トラディスカント父子の知人で一六二九年にモーリシャス島を訪ねたトマス・ハーバート卿が持ち帰ったのではないかという説もある。ハーバート卿は、一六三四年に出版した旅行記の中でドードーについて記述した[30](図2-19)。ただし、「ドードーを持ち帰った」「ドードーを贈った」とは語っていないのが難点だ。

そもそも当時、多くの船がインド洋・太平洋を行き来しており、船員はその土地の珍しいものを持ち帰ることがあった。そこまで考え合わせればオックスフォード標本の起源はやはり深い霧の中だ。

二〇世紀、日本の南極海捕鯨が盛んだった頃、船員たちが出会ったペンギンを持ち帰り、動物園、水族館に寄贈したことを思い出そう。あのようなことが起きたと考えれば、いくらでも可能性は広がる。

いずれにしても、ドードーを含む「方舟」の標本群は、トラディスカント父子の死後、裕福な政治家で古物商のイライアス・アシュモール(Elias Ashmole 1617–92)に引き取られ、アシュモールの母校オックスフォード大学に寄贈されることになったのである。

図 2–19　トマス・ハーバート卿の旅行記に描かれたモーリシャスインコ(左)，モーリシャスクイナ(中)，ドードー(右)(1634 年)

ドードーは燃やされそうになったのか？

オックスフォード大学に標本が移されたのは、一六九三年のことだ。それまでオックスフォード大学所蔵の標本を展示する「驚異の部屋」だった建物を転用して、アシュモレアン博物館が開館し、「方舟」からの標本とオックスフォード大学の標本があわせて展示された[31]。この時点での目録の写しから、ドードーの全身がまだ残っていたことが分かっている。

ただし、時とともに標本は劣化する。一七世紀の剝製技術は一九世紀以降のものとは水準が違い、鳥類の剝製はせいぜい三〇～四〇年くらいまでの寿命とされていた[32]。オックスフォード標本も、塩とミョウバンを使った一七世紀の技術に頼っており、また、剝製職人が皮膚の下の脂肪を十分に取り除けなかったことなどもあって、一八世紀に入ってから腐敗や虫食いなど傷みが目立つようになった。そして、一七五五年の年次点検の際に、修復不可能なほど破損していることが分かったとされる。

アシュモレアン博物館の運営規約では、傷んだ標本は取り除いて入れ替えることになっていたため、それを忠実に執行した結果、傷みの少なかった頭部と脚のみが残され、他の部分は廃棄された。

一方、人口に膾炙したストーリーでは、処分することになった大量の標本とともにドードーも火の中に投げ込まれたものの、心ある者が最後の瞬間に頭部と脚を救い出した、とされる。これは一八世紀を通じて繰り返し語られ、二〇世紀後半になっても人気のある説明だった。(33) しかし、実際のところは、そのようなドラマがあった記録はなく、規則によって粛々と破棄され、残せる部分は残したという解釈が妥当だという。館長が破棄を指示し、キュレーターが救ったという物語も聞くが、実は当時のアシュモレアン博物館では、館長とキュレーターは同一人物だった。

そして、伝説よりはいくぶん地味な行きがかりで一八世紀を生き延びた頭部と脚が、一九世紀、進化論の世紀の生物学の目に触れることになる。

ストリックランドと『ドードーとその近縁』

これまで何度も言及してきた、「ドードーをハト類であると確定した」人物、鳥類学者・地質学者のストリックランドは、この標本を研究することで、一八四八年の『ドードーとその近縁』(蜂須賀正氏の『ドードーと近縁の鳥』とタイトルが似ているが、こちらの方が「元祖」)を著し、ドードーの分類についての論争に終止符を打った(図2-20)。

ストリックランドは、その論考の冒頭の概説で、「我々の曽祖父とほぼ同時代に生きていたこれらの鳥は、多くの人々にとって、古代の神話のグリフィンやフェニックスと結び付けられるものになっていた」とし、「散在する証拠を集め、現存するこれらの失われた種のわずかな解剖学的断片を記述し、描写する」ことで、今後、「科学的旅行家」がさらなる証拠を集めてくれることを期待している。

彼自身、モーリシャス島には赴くことはなかったものの「科学的旅行家」だった。一八四五年に新婚旅行で大陸各地をめぐり、デン・ハーグやベルリンにて、ルーラント・サフェリーが描いたドードーの絵を観察した。さらに、コペンハーゲンのラインハルトを訪ね「コペンハーゲン・スカル」を間近に見ている。それらによって「ハト説」の確信を強めたことがこの研究の直接的なきっかけだった。

帰国後、比較解剖学者アレクサンダー・ゴードン・メルヴィル(Alexander Gordon Melville 1819–1901)とともに、オックスフォード標本、そして、大英博物館に当時残っていた「ロンドンの脚」(London foot. 現在は行方不明)を使って研究を行った。

図 2–20　ヒュー・ストリックランド

メルヴィルはこれらの標本の詳細な骨学的な記述を担当し、ストリックランドはメルヴィルの研究を織り込んだ上で、ドードーにまつわる「歴史的な証拠」「絵画に残された証拠」「解剖学的な証拠」といった多方面からの検討を行っている。

ドードーの分類について、それまでに唱えられてきた説はいくつかある。古くは、カモ、ガンなどの水禽類であるという考えがあり、ダチョウ、エミュ、ヒクイドリのような体の大きな飛べない鳥の仲間とする説もあった。[34]しかし、ストリックランドの執筆当時は、直近である一八四六年、リチャード・オーウェンが主張した「猛禽類」説を打ち破る必要があった。[35]オーウェンの説は、クチバシの湾曲や脚の構造からハゲタカに近い「猛禽類の極端に変形した形」であるというものだが、ストリックランドはそれに対してハトに近い二七の特徴を指摘して、論破を試みている。その後、ストリックランドは一八五三年に鉄道事故で悲劇の死を遂げたものの、やがてオーウェンは彼の説を受け入れ、「ドードーはハト類」であることが科学界のコンセンサスになった。

また、ストリックランドは、動物種の「絶滅」という概念の確立に寄与したことも付け加えておきたい。論文中では、ドードーとその近縁種ソリテアは「人間の力によって生物種が絶滅したことをはじめて明確に証明した例」だとしている。彼はドードー類の分類学的な地位を確定すると同時に、その絶滅種としての位置づけも揺るぎないものにした。[36]

その際、ストリックランドは「博物学者の義務は、これらの絶滅した、あるいは絶滅しつつある生物に関する知識を科学の「倉庫」に保存すること」としており、生きている個体群を護ったり、その生息環境がある生態系をまるごと保護する現代の考えからは少し隔たったところにいたことも、注記しておく。

これがドードーの頭部(ミイラ)だ!

以上、オックスフォード標本の由来をたどり、ストリックランドらの研究内容までを見た。この標本の特別な点をまとめるとこんなふうだ。

・生きていた時の姿が目撃されている可能性が高い特別な標本。
・一七世紀に所蔵されてからの所在が常に分かっている唯一の標本。
・軟組織が保存されている唯一の標本。
・ドードーがハト類であることを確定した特別な標本。
・『不思議の国のアリス』に登場するドードーのモデルになった特別な標本。

というふうに「唯一」「特別」だらけになる。今、それを目の前にして興奮に打ち震えつつ、ディテールについて、気づいたことをできるだけ冷静に記述してみよう(図2-21)。

まずは、ドードーの頭部。遠巻きに見てまず分かるのは、大きさだ。比較のためにノワク-ケンプの手で指差してもらったが、それと比べると写真でも実感できるだろう。クチバシは鋭く湾曲しているし、これだけ見たら、猛禽類が「極端に変形」したものと考えた昔の人を笑えない。

顔の右半分は皮膚がついたままだ。一見ソフトに感じられるものの、実は乾燥してカリカリだった。近づいてぎゅーっと凝視すると、残された皮膚にポツポツと毛穴があるのがはっきり見えた。一部には羽毛が残っているのだが、それらは擦り切れていてどこか哀れな雰囲気でもある。羽毛に覆われていた毛穴がたくさんある部分と、額から先の裸出部との境界もくっきり見える。

眼球はないけれど、眼窩の窪みははっきりしている。目の周りのリング状の骨、強膜輪《きょうまくりん》が目の穴から見えていたり、耳の穴の落ち込みが分かったりするのは、とてもリアルだ。皮膚一枚残っているだ

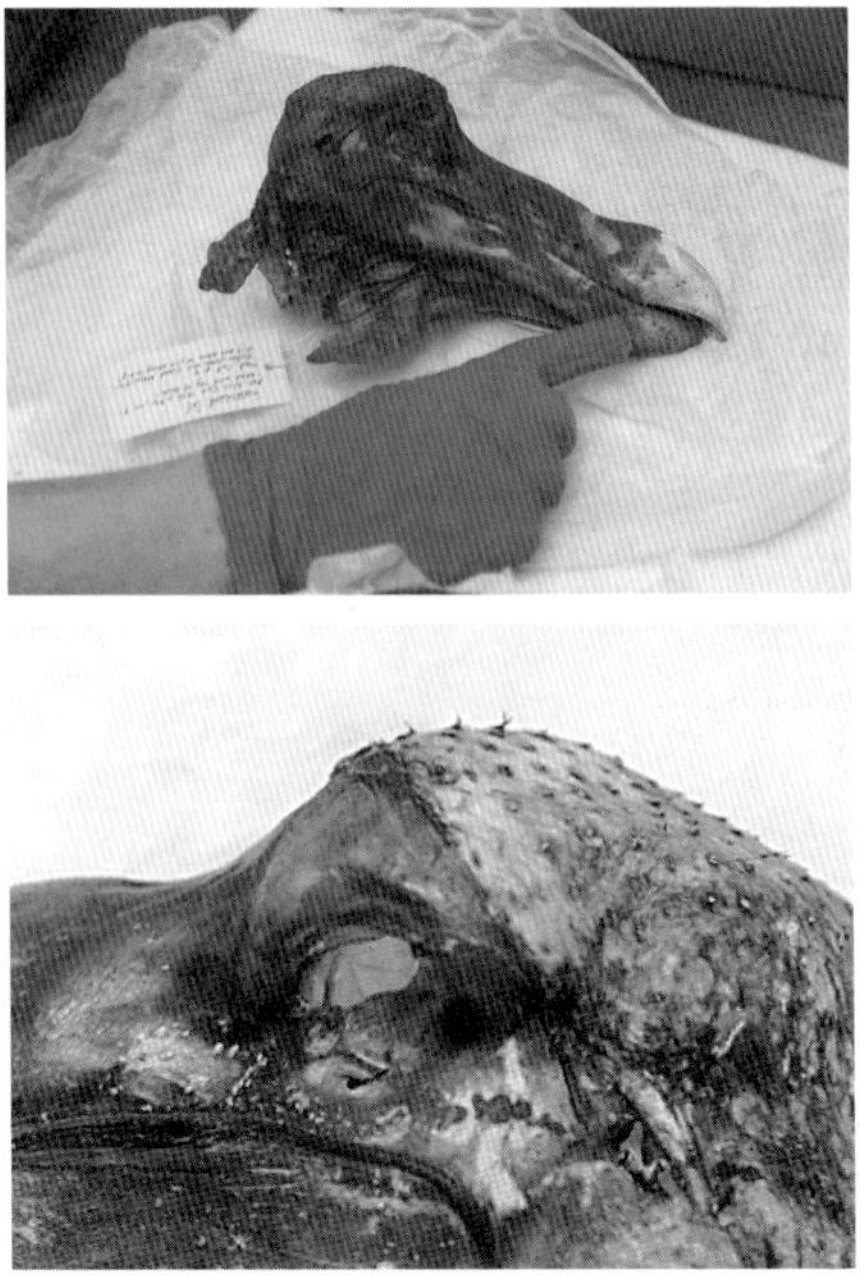

図 2-21　オックスフォード標本．頭部は人の手に近いサイズ(上)．頭頂部には「毛穴」がはっきり見え，擦り切れた羽毛も一部残っている(下)

けで、これだけくっきりと生きた姿が想像できるとは！

　一方、顔の左半分は、皮膚を剝がされて骨が出ている。これがものすごく白い。沼沢地に沈んでいたのを一九世紀に発見された骨のように褐色に着色していないのは当然として、プラハやコペンハーゲンの標本に比べても白く、まさに白骨だ。

　骨が露出した状態でこそ分かりやすいのは、「コペンハーゲン・スカル」との比較だが、オックスフォード標本の方が一回り大きい。研究者たちは、それは性差かもしれないと考えているそうだ。

　さらに後頭部を見ると、右半分には皮膚がついていて、左半分は骨が露出している不思議な構図になる。「絵」として味わい深い。

　夢中になって写真を撮った。許される限り近づいて目を凝らし、ちょっとかび臭さを感じたりもしつつ、頭部だけでも三〇分くらいは標本の前にいた。

　小休止をしてから、さらにもう一つの「小さな箱」を開いた。

こちらからは左脚が出てきた。頭部と同様、完全な「白骨」だ。

がっしりした脚だとこれまで書いてきたが、頭の中で想像していたよりもさらにゴツい。成人男性が手のひらを開いた状態よりも大きいのではないか。体高六五センチほど、体重一〇キログラム以上あったとされる鳥だから、これだけのしっかりした支持機構が必要だというのは考えてみれば当然だ。生きたドードーが目の前にいたらどれほどの迫力だったろう。返す返す残念だ。残念すぎて、どうしようもない。

一方、脚の皮膚の方は剝がれていて別に置いてあった。なんというか、カリカリに焼かれた北京ダックの皮のようだった。その連想にゴメンと思いつつ……それ以上の言葉を見つけられなかった。

オックスフォード標本をめぐる研究

さて、オックスフォード標本は、安定した大学博物館組織に所蔵されてきたことと、骨だけではない軟組織も備えていることから、科学的な研究の材料として大いに活用されてきた。ストリックランドらの『ドードーとその近縁』は一九世紀における代表例である。

二〇世紀、さらには二一世紀になってもその時々の最新の技術を使った研究の対象になっている。その系譜をたどっておこう。

一九八九年、アムステルダム大学のT・G・ブロムらが、オックスフォード標本の頭部にはえている羽毛を採取して、光学顕微鏡と電子顕微鏡を使って観察した。残っている羽毛はかなり摩耗しているとはいえ、飛べない鳥が多いクイナ類よりもハトに近いという結論も導き出した。また残されていた羽毛は黒褐色だった[37]。

一九九〇年代にはＤＮＡの分析が行われるようになり、博物館内に設置された分析装置による研究が行われた。大学院生だったベス・シャピロが、ドードーの脚の跗蹠骨からサンプルを採取して、ドードーがソリテアと近縁であることを確認した。さらに東南アジアのミノバトやサモアのオオハシバトと近いことも示した[38]。オオハシバトはその名の通り、ハトの中でもがっしりした湾曲したクチバシを持っており、その点においてドードーとの類似性が指摘されてきた種だ。属名の"*Didunculus*"は「小さなドードー」を意味する。

二〇〇六年、ノワクｰケンプは、「エネルギー分散型Ｘ線分析装置」を使ってオックスフォード標本の保存のために使用された化学物質が、ミョウバンと塩だったことを突き止めた。

二〇一三年には、国際ドードー研究計画のメンバーでマーストリヒト大学のレオン・クレセンス(Leon Claessens)が、オックスフォード標本の頭と足を３Ｄスキャンして、鳥類の骨格データのオンライン・データベース Aves 3D に登録した。

二〇一五年には、精細なマイクロＣＴスキャン装置を使って、頭骨と脚の精密な３Ｄデータが取得された。これによって精度の高い３Ｄモデルができただけでなく、標本の由来についての新たな驚くべき知見が得られた。なんと、標本の後頭部に一一五個もの小さな金属球が見つかり、二〇二〇年になって論文として報告されたのである。金属球は平均半径〇・七ミリメートルで、大きなものでも一ミリを超える程度。小さな鳥などを撃つ極めて小さな散弾だとされた。射線は右後頭部からで、極小の弾丸は頭骨の左側にまで達して中に留まっているという。右後頭部の皮膚に穴があるのはずっと知られてはいたものの、これまで虫食いの跡だとされてきた[39](図2–22)。

死因がはっきりしたことで、新たな謎が生まれる。この標本が、ロンドンで見世物にされていたドードーに由来するなら、散弾で撃ち殺す必然性は薄い。とすると、他の仮説がにわかに有力に思えてくる。つまり、大地主エマニュエル・オルサム、旅行家トマス・ハーバート卿、名を知られていない船乗りなどのうちの誰かが、現地で撃ち殺して送った(持ち帰った)のかもしれない、と。ただしその場合、今度は、熱帯地方を何週間もかけて航行する船旅を経ても、これほど長く残る良好な標本にできたのかが説明しにくくなる。

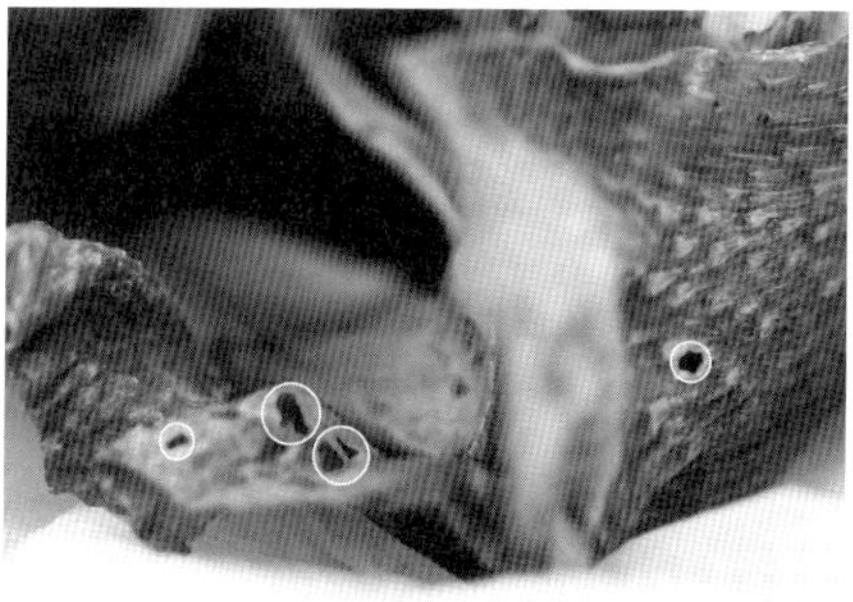

図 2–22　「オックスフォード・ドードー」の後頭部．いくつか皮膚に開いている穴が散弾の跡

つまり謎は深まったともいえる。

『アリス』のドードーのきっかけになったオックスフォード標本は、ドードーという種の謎と、自身の由来も含めた物語の謎について、今も新たな問いを投げかけ続けている。

5　ロンドン自然史博物館から広がるドードーワールド

ドードーをめぐる遺恨とイコン《Icon》?

欧州のドードー標本をめぐる旅の終着点、それはロンドン自然史博物館だ。

もともと大英博物館の自然史部門だったものが、一八八一年から

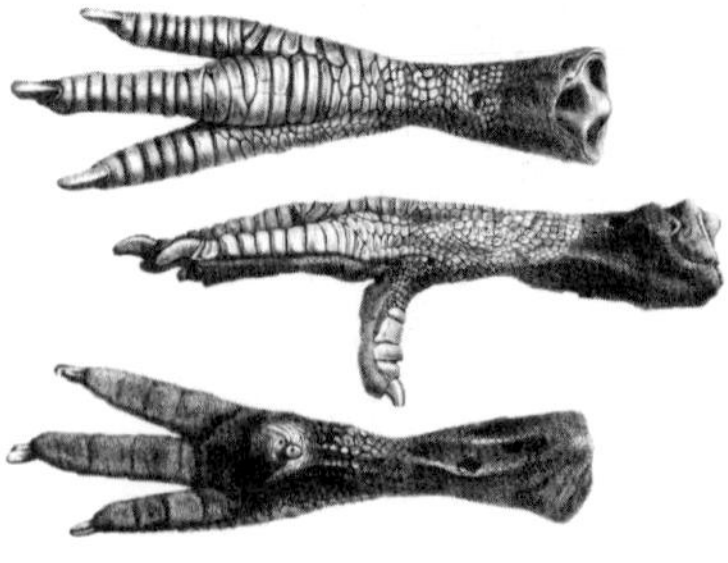

図2-23「ロンドンの脚」

新たな独立した建物で“British Museum（Natural History）”、つまり「大英博物館（自然史）」として開館し、一九九二年にはそれまで通称だった“The Natural History Museum”（自然史博物館）に正式に改称された。ただし、多くの他国の自然史博物館と区別する必要から、日本ではロンドン自然史博物館と呼ぶことが多い。動物学部門の標本点数は実に五五〇〇万点。世界最大級のコレクションと歴史を誇る。

プラハ、コペンハーゲン、オックスフォードの標本が一七世紀の生体に由来するのと違い、ロンドン自然史博物館にある骨は一九世紀後半以降にモーリシャス島の沼地で発見されたものだ。実は、一七世紀の生体由来の脚の標本（「ロンドンの脚」）を持っていたのだが、行方不明になって久しい（図2-23）。

すでに述べたように、初代館長だったリチャード・オーウェン（図2-24）は、一八六六年、世界ではじめてドードーの全身の骨格標本を組み上げた。それに基づいて書かれた論文『ドードーについての研究報告』（“Memoir on the Dodo: *Didus ineptus*, Linn.”）は、ドードーの全身についての最初の科学的な論考であり、その後の科学的ドードー像の基本になった。それがミスリードであったことはすでに見たが、それでもこの論文において、ドードーが科学界にその全貌をあらわしたことの意義は大きい。オックスフォード大学のストリックランドらによる『ドードーとその近縁』が長年の神話に終止符を打つものだったとすると、オーウェンの『ドードーについての研究報告』は、科学の対象としてのドードーを確固たるものにしつつも、また新たな神話を作ってしまった格好だ。

そんな独特の立ち位置にあり、一九世紀ドードー研究の頂点でありつつも様々な「遺恨とイコン」を残した。語呂合わせではあるが、本当にそう表現するに相応しいことがこの時期に起きた。

二つの展示

サウスケンジントン駅から地下道を通り地上に出ると、すぐ近くにロンドン自然史博物館の入口がある。入場無料。セキュリティチェックを受ければ、誰でも中に入れてもらえる。ホールの奥にある階段の踊り場には、巨大な白い大理石のダーウィン像があり、守護聖人のように見下ろしている。一九世紀、進化論をめぐる大論争が進行中の時期に自然史博物館は揺籃期にあり、まさに生物学の「大論争(ザ・グレイト・ディベート)」のさなかに整えられた博物館といえる。

ドードーについては、目下、二箇所に展示されているので、それらを確認しておく。

まず、絶滅鳥類のコーナーに「剥製」がある。括弧付きなのは、本物ではないからだ。ドードーの剥製は一つも残っていない。あちこちの博物館に「剥製」があるけれども、それらは他の鳥の羽を使ってそれらしく復元したものだ。

ロンドン自然史博物館の「剥製」は、古典的なものである。羽毛はモコモコで、頭は超巨大。翼は小さく、がっしりとした脚。異形という言葉が思い浮かぶ。

説明書きにはこうある。

図 2-24　リチャード・オーウェン

「おそらくは、すべての絶滅鳥類の中で最も有名。ドードーの諸種は、一六四〇年代から一六六〇年代なかばくらいまでの間に、絶滅した。彼らが死に絶えた原因は、彼らが住む地上の生息環境の破壊と、人間が放ったブタ、サル、ネズミによって、卵や巣を荒らされたからである」

一方、最近できたダーウィンセンターと呼ばれる収蔵庫兼展示場の一角には、また別のドードー展示がある。「出島ドードー論文」の共著者の一人、鳥類部門のジュリアン・ヒュームが企画監修したものだ。入口に近いところのパネルにはこう書いてあった。

「今日に至るまで、科学者たちは、生きた鳥を見て描いたとされる絵画やイラストを使って、実際に生きている時にどんなふうに見えたかを理解してきた。しかし、もしも、その絵が不正確だったら？　その理解の基礎が崩れることになる。ロンドン自然史博物館の科学者の新たな研究は、一枚の絵画が我々を四〇〇年にもわたってミスリードしてきたかもしれないと示す」

この「一枚の絵画」というのは、最も有名なドードーの絵とされるサフェリーの「ジョージ・エドワーズのドードー」(図0-3)だ。これがほとんど四〇〇年間、ドードーのイメージをミスリードしてきた、とする。その誤ったイメージ(イコン)を一九世紀以降、広く流布したのがロンドン自然史博物館だったがゆえに、その誤解を解く展示を作った、と言わんばかりの記述だ。

「ジョージ・エドワーズのドードー」を目の前にしてあらためてじっくり見ると、これまでにも触れてきたようなこの絵の特徴と訴求力を実感できた。ずんぐりむっくりして、深くしゃがんで鎌首をもたげるような不自然な姿勢ゆえ独特のコミカルさを漂わせているが、かといってこんな鳥がいても不思議ではないというぎりぎりのリアリティも失っていない。そんな虚実の境界線から『不思議の国のアリス』(一八六五年)のドードー像が形成され、ロンドン自然史博物館では、『アリス』の翌年の一八六六年、その姿に科学的な面でもお墨付きを与えてしまった。

展示では、野生の実物を見て描いたとされる一六〇一年のスケッチ(図0-11)や、ルドルフ二世の宮廷画家による一六〇二年頃の絵画(図0-15)を検討しつつ、オーウェン自身が後年、自分の間違いに気づき、訂正した復元も紹介している。画家でもあるヒュームが「ジョージ・エドワーズのドードー」を新しい姿勢で描き直した絵が「新旧」として並べてあり、ドードーが物語の世界の滑稽な鳥ではなく野生の鳥だったと強調している(図2-25)。

図2-25　サフェリーのドードーを描き直した絵画と，描いたジュリアン・ヒューム

亜化石の大発見と「ドードー競争」

一九世紀後半にモーリシャス島で、ドードーの骨が大量に見つかった前後の様子を少しだけ見ておく。この時期は前節で描いた「ドードーのビッグバン」の時期でもあって、一般市民の間でも、科学界でもドードーにまつわる関心が高まっていた。そんな中、モーリシャス島からドードーの骨を見つけて入手することが、ある種「レース」になっていった。それは本国(当時の統治国)のイギリスにおいても、現地モーリシャスにおいても、だ。[40] そして、この「ドードー競争」は、「コーカスレース」でも「堂々めぐり」でもなく、ちゃんと決着がついた。

本国では、ロンドン自然史博物館のオーウェンと、ケンブリッジ大学の鳥類学者で比較解剖学教授アルフレッド・ニュートン（Alfred Newton 1829–1907）（図2–26）がそれぞれ、ドードーの骨を入手したいと願っていた。これまで頭部や脚の標本しかなかったため、その他の全身骨格を得て科学的な記述を与えたいという学問上の欲望が背景にある。一方、モーリシャス側にはニュートンの実弟エドワード・ニュートン（Edward Newton 1832–97）が植民地副長官として赴任しており、ニュートンが有利な立場にあったにもかかわらず、最初に大量の標本を手にしたのはオーウェンだった(41)。

それらの大量の骨の発見者は、モーリシャス島南東部の学校の校長で自然史家ジョージ・クラーク（George Clark 1807–73）だ。一八六五年九月、彼の学校があったマエブール（Mahébourg）から五キロほど離れたプレザンス・サトウキビ農場内のマール・オゥ・ソンジュと呼ばれる沼地で、ドードーの骨を発見した。『不思議の国のアリス』の出版と同年であることに留意しよう。イギリスで最初の『アリス』が世に出たのが一一月頃なので、その直前の時期に、かのドードーははじめて全身を再現しうる様々な部位を見出されたことになる。

クラークの発見はいくぶん幸運によるものだった。農場主が沼地の土を肥料にできないかと掘り起こしたところゾウガメの骨が出てきたという話を聞きつけ、ドードーも見つかるかもしれないと考えた。そこで、農場主から発掘の許可を得、地元民を雇って発掘を始めたのだった。沼地の底の泥が柔くて足場がないため、バナナの木の幹で作ったイカダ（カタマラン、双胴船とも表現されている）をいくつか浮かせたという。それらの上からロープを渡し、沼に入る人たちは脇の下にロープを保持しながら、足裏で骨を感じると足の指に挟んで拾い上げた。英語で「化石」は“fossil”だが、化石と呼ぶには若く、「亜化石」"subfossil"と表現されるような状態の骨だった。

この時に発掘された亜化石群は、複雑な経緯でオーウェンに渡る。当時、スエズ運河の開通(一八六九年)の直前であり、モーリシャスとイギリスとのやりとりには六~七週間もかかった。にもかかわらず、オーウェンは年内にそれらを手中にして、まずは良好な全身骨格を組み上げられる標本を選り分けた。翌一八六六年には『ドードーについての研究報告』を出版し、ドードーの全身をはじめて記述した科学者となる。

一方、アルフレッド・ニュートンもオーウェンが目ぼしい標本を選り分けた後で、残された標本の中から全身の骨格を復元し、その他の骨の多くはロンドンのオークション会社(スティーヴンス・オークション・ルーム)にてオークションにかけられた。それも実に素早く、一八六六年一月のことだった。その際に世に出たドードーの骨が世界中の博物館や収集家に渡っていき、まわりまわって、例えば日本の蜂須賀正氏の手に落ちる(現在は山階鳥類研究所が所蔵)。

図2-26　アルフレッド・ニュートン

絶滅動物にまつわる作品で知られる作家エロール・フラーの調査によれば、世界中で二六の博物館がドードーの骨のコレクションを持っており、それらのほとんどがマール・オゥ・ソンジュ由来だ。もっとも、マール・オゥ・ソンジュでは、その後、農場主が変わって発掘を許可しなくなったので、ドードーの骨の供給は途絶えた。二〇世紀のなかばにマラリア対策でレンガや小石を盛られ、その正確な場所も忘れ去られた。

ドードーをめぐる競争では一敗地に塗れた感のあるアルフレッド・ニュートンは、モーリシャス島ではなく、ロドリゲス島のソリテアの亜化石に関心を移し、一八六八年にソリテアの骨格をめぐる論文を発表する。これはモーリシャス島とロドリゲス島で、同じ祖先を持ったドードーとソリテアが、自然選択によって違う姿になったとする、当時、真新しかったダーウィニズムに沿った主張をした意味で、保守的なオーウェンとの違いを見せつけた。[42]一方で、一八六九年には、レユニオン島のドードーについて、当時は由来が分かっていなかった一七世紀の絵画から白いドードーの存在を支持してしまい、これは鳥類学者・比較解剖学者として勇み足となる。[43]

この時期のオーウェンとニュートンのライバル関係は、ともにドードーとソリテアに科学的な記述を与えつつも、かたやドードーの誤ったイメージにお墨付きを与え、かたや存在しないレユニオンドードーの伝説を広める結果となった。不健全なライバル関係によって、いわば「拙速」「早とちり」が起こったというのが、歴史の残念な一コマだ。

もっとも、残念なことだけではない。ニュートン兄弟が、現代の自然保護の基盤となるような考えをこの時期に提案していたことも注記しておく。イギリスでは、一八六九年にアルフレッド・ニュートンが推進したヨーロッパ初の鳥類保護法が制定された。これは海鳥を対象にしたもので、ドードーよりはオオウミガラスの絶滅危惧にまつわる議論をきっかけにしていた。オオウミガラスの絶滅はこの時期はまだ信じられておらず、二〇世紀になっても生存説があった。一方、一八七八年には弟のエドワード・ニュートンがモーリシャスにおいて世界初の包括的な鳥類保護法を制定した。つまり、絶滅の島であったモーリシャスは世界ではじめての「鳥類保護の島」にもなったのである。[44]

ジュリアン・ヒューム

ここであらためてジュリアン・ヒュームを紹介する。リア・ウィンターズとの共著論文で「出島ドードー」を発見したというだけでなく、その論文をきっかけに連絡を取ったぼくに便宜を図り、この「堂々めぐり」を可能にしてくれた本書のキーパーソンである。

一九六〇年生まれのヒュームは、現在、ロンドン自然史博物館鳥類部門の非常勤の研究者という立場だ。一九九〇年代に絶滅動物の復元画家としてキャリアをスタートさせ、後に古生物学の学位を取得、また、歴史文書の読解にも秀でた研究者として、多方面で活躍している。

本書を執筆している二〇二一年の時点で、ヒュームが関わったドードーと周辺の生き物をめぐる論文は実に五〇篇近くにものぼる。その内容は歴史的な図像や文献証拠にまつわるもの、骨にまつわる解剖学的なもの、かつての環境を復元する生態学的なものと幅広く、二〇一〇年代から二〇年代において、世界のドードー研究のハブになってきたといっても過言ではない。

二〇〇〇年前後からドードーをめぐる歴史的な文書を検討する論文を発表しはじめ、二〇〇八年に“Lost land of the Dodo: The Ecological History of Mauritius, Réunion, and Rodrigues”(Anthony Chekeとの共著。Yale University Press, 2008)、邦題にすると『ドードーの失われた大地——モーリシャス、レユニオン、ロドリゲスの生態学的な歴史』というタイトルの書籍を出した前後からドードーをめぐる研究に多く関わってきた。二〇〇五年から一〇年にかけてモーリシャス島で行われたドードー発掘の国際チームの一員でもあった。

日本人研究者、蜂須賀正氏について強い関心を寄せており、本書の取材の中で蜂須賀について最も熱心に日本からの情報を求めた人物でもある。蜂須賀がヨーロッパではイギリスを中心に活動し、ロンドン自然史博物館での研究歴もあった、つまり、ヒューム自身の先達だということ。また、ヒュームが画家であって、蜂須賀のような図像学的な探究に造詣が深いことや、鳥類学と古生物学と歴史学が切り結ぶ学際的なドードー研究を幅広く行ってきたこととも関係している。

ヒュームが二一世紀になってから実現した新展示は、二〇世紀の蜂須賀がつないだ研究伝統の上にあるといってよい。そんなヒュームが「出島ドードー」の発見者の一人であることはやはり歴史的な幸運の一つであり、彼に導かれてぼくはロンドン自然史博物館の内奥部に足を踏み入れることになったのである。

図書館、そして収蔵庫

ロンドン自然史博物館の図書館は、ありとあらゆる自然史関連書籍を網羅する。一六六五年より続く最古の学術誌で王立協会発行の『フィロソフィカル・トランザクションズ』(“The Philosophical Transactions of the Royal Society”,「哲学紀要」と訳されることもある)や、一八三〇年より続く最古の動物学専門誌『ロンドン動物学会誌』(“Proceedings of the Zoological Society of London”, 現在は “Journal of Zoology”)が、初号からきれいに合本になり並んでいるのは壮観だった。床から天井までの書架すべてが近代科学・動物学の歴史であり、ドードーはその一部なのである。

初代館長オーウェンによる一八六六年の論文の冊子もあった。サフェリーの「ジョージ・エドワーズのドードー」の輪郭に合わせる形で、スクワットしたような状態に描かれた図は、非常に大判で驚かされた。カラー図版としては、ドードーの他にも近縁のオオハシバトが掲載されており(図0-20)、「ドードーはハトである」という主張をオーウェンが十分に受け入れていることがひと目で分かる。さらに、サフェリーがかつて描いたドードーを参考にしながら描かれた水辺にたむろする三羽のドードーの図版も彩りを添えていた(図2-27)。

一方、文章の部分では、この時点でのオーウェンがいかに急いでいたかが見て取れた。本論の骨の形状の記述はともかく、ドードーをめぐる情報整理の部分は、当時の百科事典『ペニーサイクロペディア』("Penny Cyclopaedia")に掲載されたドードーの記事を十数ページにわたって引用することで済ませている。つまり、自らの言葉で語るのを放棄している。[45]

図2-27　リチャード・オーウェンの『ドードーについての研究報告』(1866年)より

さて、いよいよ、標本の収蔵庫へ。

ヒュームがロッカーを開けると、重たい頭だけを取り外した半完成品のような全身骨格が見えた。ロンドン自然史博物館が所蔵する三つの全身骨格のうちの一つだ。一羽のドードーではなく、三羽分くらいの骨を組み合わせているという。頭骨も頭頂部分がキャスト(模型)で、あとは本物だ。オーウェンが一八七二年に公表した新しい復元のスタイルで組み上げられた颯爽としたドードーだった。
頭部を取り付けて完成品にして相対する。ぼくは、生まれてはじめて、ドードーの全身を、目の前の手で触れられる距離に置き、そのサイズ感や、体つきについて、リアルに感じることができた。

鋭いクチバシとハト胸

全身骨格標本を前にして、鳥類学の専門家ではないアマチュアとして感じたことを書きとめておく。

まず、大きい、だ。見慣れたニワトリとは比較の対象ですらない。骨だけでそう感じるので、実物はどんなだったろうかと思う。

図2-28　ドードーの全身復元骨格とヒューム

ヒュームに台座ごと持ってもらったところ、その大きさが際立った(図2-28)。かなりがっしりしているヒュームの上半身と同じくらいの大きさがある。クチバシの鋭さなどの印象はこれまでに見た標本と同じだが、体とのバランスから頭でっかちでユーモラスなニュアンスが生まれることも大いに納得する。

さらに胸の部分を覆う胸骨がことさら大きく、ぼくの目にはハトっぽく見えた。つまり「ハト胸」だ。地上を闊歩する巨大なハト。ただし、頭でっかちでクチバシは巨大で鋭い。

一方で、鳥類学のプロであるヒュームに「見どころ」を聞いた。一般の人たちにドードーの骨を説明する時、どんな部分について注意喚起するか。

「やっぱり、翼ですね」とヒュームは即答した。

縮退した翼の骨。飛べないということは、一目瞭然だ。

「もうひとつ、キール(竜骨突起)も通常の鳥とは違うので」

さきほど「ハト胸」と表現したのは胸骨についてだが、その下面の中央部を縦に走るのが、竜骨突起だ。筋肉の付着面になるので、空を飛ぶ鳥ではこれがしっかりしている。一方、ダチョウなどでは、竜骨突起がなくつるりとしている。

「ドードーにも竜骨突起はありますが控えめで、筋肉があまり付着できません(図2-29)。大きさが近い鳥と比べてみると分かります——」

ヒュームは近くのキャビネットを開いて別の鳥の骨格標本を持ってきた。

「これはオオウミガラス。飛べない鳥ではあるけれど、海の中を飛んでいたともいえるので」

比較すると一目瞭然だった。オオウミガラスの竜骨突起の場合、胸骨の平らな部分からぼこっと急峻な山のように立ち上がる。その全域に筋肉が付着するなら、すごい推進力を得られただろう。ドードーとは比較にならない。

図2-29　ドードーの控えめな竜骨突起

インド、ムガル帝国のドードー

ヒュームとは、その後、多くのメールでのやりとりをしてきたし、直接会って話をする機会にも幾度となく恵まれた。一度は、ハンプシャー州の彼の自宅を訪ねて、ゆっくりお茶を飲みながら話を聞くこともできた。

議論が深まるにつれて、ドードーという鳥が一七世紀以降に、世界的な自然史ネットワークを期せずして結んだ壮大な事実を認識することになり、目がくらむ思いにとらわれた。ヒュームから指摘されて驚いた件はいくつもあるのだけれど、特に衝撃を受けたのは「インドのドードー」だった。

ピーター・マンディ(Peter Mundy 1597頃–1667)というイギリス東インド会社の職員が、一六三三年末か三四年の早い時期に、インドからの帰国の途中でモーリシャス島を通った。後年に出版した旅行記では、ドードーについてこんなことを書いた。

「彼らは飛ぶことも泳ぐこともできず、蹄《ひづめ》のように分かれた足がある。どうやってモーリシャスに来たのか不思議だ。私はスラートで、モーリシャスから連れて来られた二羽を見た」[46]

ここで二つのことに驚かされる。一つは、彼らがどうやってここに来たのかとのちの進化論につながるような疑問を提示していることで、もう一つは「スラートで、モーリシャスから連れて来られた二羽を見た」という点だ。

インド北西部の港湾都市スラートには、イギリス東インド会社の拠点があった。つまり、当時のムガル帝国支配下のインドにおいて、日本における平戸や出島に相当する役割を担っていた。マンディはそこで、一六二八年頃に二羽のドードーを見たという。

これは、長年、不確かな目撃証言として扱われてきたのだが、三〇〇年以上たってから新たな証拠が見出された。一九五八年、当時のソビエト連邦レニングラード(現在のロシア、サンクトペテルブルク)の美術館で、ムガル帝国の第四代皇帝ジャハーンギール(Jahāngīr 1569–1627)の宮廷画家ウスタード・マンスール(Ustad Mansur, 一五九〇~一六二四年頃に活躍)が描いたと思しきドードーの絵が見つかったのである[47](図0–2)。

褐色に描かれたドードーはポーズも自然で、「リアル」な印象を受ける。周囲に描かれている他の鳥たちは、ある意味、鳥類図鑑に掲載されるような、種としての特徴を分かりやすくあらわしたものだが、ドードーは目の前にいる個体を描いたかのように感じられる。

ジャハーンギールは、自然史愛好家でもあり、彼のコレクションは丹念に記録が取られていた。ほぼ同時期に、西の帝国である神聖ローマ帝国のルドルフ二世と、東の帝国であるムガル帝国のジャハーンギールが、ともにモーリシャス島からもたらされたドードーを楽しんでいたことを考えると興味はつきない。宮廷画家に動物画を描かせたり目録を作るのは彼らにとって自然なことで、マンスールのドードー画もその一環だったと考えられる。ただし文書記録はジャハーンギールが一六二七年に没する三年前、つまり、一六二四年より途絶え、ドードーの記録もないそうだ。とすると、マンスールがドードーを描いたのは一六二四年以降のはずで、一方、マンディは、一六二八年頃、皇帝が没した後にドードーたちを見ているため、おそらくは同一個体だっただろうとされる[48]。

いずれにしても壮大な話だ。ヒュームと語り合いながら、ぼくは、日本の「出島ドードー」も、そういった壮大な物語の一部なのだと強く感じ入った。そして、これまでもそうだったように、絵画にせよ文書にせよ骨にせよ「新たな再発見」(というと変な表現だが)の可能性は常にあるのだと思うのである。

モリオン・コンドーを知っていますか?

これから先、どんなドードーの研究が進み、発見がありうるのか。

二〇〇五年から一〇年にかけて、モーリシャス島のドードー亜化石産地マール・オゥ・ソンジュにて、大規模な再発掘調査が行われた。国際的な研究チームが組まれ、ヒュームもその一員だった。その後、参加した研究者によるドードー論文が多く発表され、本書もその恩恵にあずかっている。ただ、この調査は終了してからすでに一〇年以上がたち、現在では成果の発表も一巡した感がある。

「今、別の計画があって、沼地ではなく、山腹でドードーを探す予備調査をしているんですよ」とヒュームは今後の展望を述べた。

これは、「チリュー調査隊」と呼ばれているものだ。一九〇〇年代の前半に、洞窟の中からドードー一個体分まるまるの亜化石を見出した地元の美容師・自然史愛好家、ルイ・エティエンヌ・チリュー(Louis Étienne Thirioux 1846–1917)にちなんでそう呼ばれている。

後日、この予備調査にぼくも一部参加することを許されるのだが、この件を口に出した時、ヒュームはさらに言葉をつないだ。そして、蜂須賀正氏ではない、もう一人の日本人研究者の名前を示した。

「ドクター・モリオン・コンドーを知っていますか? わたしたちが、マール・オゥ・ソンジュでの発掘をしたきっかけは、ドクター・コンドーなんです。彼は一九九〇年代に、日本の皇族の支援を得て、ドードーなどモーリシャス島の過去の生き物の骨を得るために、マール・オゥ・ソンジュで試掘をしました。ドードーの骨の破片を複数見つけたんですが、すぐに亡くなってしまいました。わたしたちが二一世紀になってから発掘することになったのは、その場所なんですよ」

気になって調べたところ、ヒュームが指摘した人物は、モリオンではなくノリオ、近藤典生(一九一五―九七)のことだと分かった。東京農業大学名誉教授で進化生物学研究所を創設した自然史研究の巨人である。(49)

「環境共生」をキーワードにした近藤の活動歴には目をみはるものがある。育種学でタネナシスイカの研究をした専門性を持ちつつ、植物の育種にとどまらない関心とバイタリティを発揮した。一九六一年には南アフリカのケープタウンからエジプトのカイロまで実に二万キロを走破する東京農業大学アフリカ縦断動植物学術調査を成功させ、一九六九年にはアマゾン動植物学術調査隊を結成してブラジルのアマゾン地域に入り、アマゾンマナティの生きた個体を日本にもたらした(東京都稲城市と神奈川県川崎市多摩区にまたがる「よみうりランド」にて飼育された)。

こういった大規模な学術調査は、蜂須賀正氏を想起させるところが少なからずある。蜂須賀も、自らフィリピンの「有尾人」調査隊(一九二八年)を組織したり、ベルギー隊のアフリカ探検(一九三一年)に参加して国立科学博物館に様々な動物標本をもたらした。

さらに、近藤は、檻や柵がなく、動植物が織りなす景観、生態系の多様性を表現することを志向するバイオパークの概念を提唱し、日本の各地で基本計画に参画したことでも知られる。伊豆シャボテン動物公園、長崎バイオパーク、ネオパークオキナワ(名護自然動植物公園)、長崎鼻パーキングガーデン、鹿児島市平川動物公園などがそうだ。また、現在、各地の動物園で見ることができるキツネザルやカピバラの飼育の初期の取り組みにも、近藤は貢献をしている。

一方、地域共生ボランティアの実践として、一九九〇年、マダガスカルにおいてボランティア・サザンクロス・ジャパン協会を発足。地域住民を主体として、エコツアーや地元の工芸品販売などで雇用を創出しつつ、森林の持続的復元保全を目指すといったもので、近藤の没後も活動は続いている。その近藤が、晩年、おそらくはマダガスカル島からもう一歩、足を伸ばしてモーリシャス島を訪ね、ドードーの発掘に挑んでいたというのは、大いに心揺さぶられることだった。

つくづく思う。やはり、ドードーは遠いインド洋の絶滅鳥類であることをはるかに超えて、日本に住む我々にも迫ってくるところがある。言い方を変えれば、ドードーが織りなす地球の生命とヒトとの関わりの織物の中に、自分たちも念入りに織り込まれていると痛感させられる。ぼくは次章で綴るモーリシャスへの旅の中で、結局、現地を訪ねることがなかった蜂須賀正氏よりも、ドードー研究と「環境共生」の新たな扉を開こうとした近藤典生を常に意識することになった。

第三章 モーリシャスの堂々めぐり
――ドードーと代用ゾウガメ

1 チリュー調査隊2017

這いつくばってドードーを探す

二〇一七年六月のとある晴れた好日。本書の冒頭でも触れた通り、ぼくはインド洋のモーリシャス島オリィ山の中腹で、地面に這いつくばるようにして、三五〇年ほど前に絶滅してしまったドードーの「遺物」を探していた(図3–1)。

山肌にある小さな窪みを見つけては、その中に溜まっている堆積物を掻き出す。出てくるのはほとんど土だが、その中から白っぽい骨が顔を出していないかと目を凝らす。本当にこんなことでドードーが発見できるのかと思うのだが、かつてこのような場所から見つかった実績がある。だから、オランダ・マーストリヒト大学のレオン・クレセンスが中心となり、イギリス・ロンドン自然史博物館のジュリアン・ヒュームも参加して、予備調査が行われていた。

チリュー調査隊2017(Thirioux expedition 2017)というのが、チームの呼び名だ(1)。二〇世紀のはじ

図3-1　オリィ山(上)中腹にてドードーの骨を探す(下)

め、一九〇〇年代に、モーリシャス島のとある洞窟の中からドードー一個体分の標本を見出した地元の美容師・自然史愛好家、ルイ・エティエンヌ・チリューにちなんでいる。

一九世紀にマール・オゥ・ソンジュの沼から出土したばらばらの骨と違い、陸上の洞窟などから見つかる亜化石は一羽分まるまる同じ場所に残されている可能性がある。チリューの標本はまさにそれで、世界で最も価値の高いドードー骨格標本になっている。

また、ほぼ一世紀後の二〇〇六年、ハワイの洞窟生態学者がモーリシャス島の火山洞窟に住むゴキブリの調査をしていたところ、洞窟内で岩にはさまれて死亡したと見られるドードーの骨を見つけて話題になった。だから、島のあちこちにある火山洞窟や、山肌のちょっとした窪みまでがドードーの亜化石を今も秘めている候補になりうる。

ヒュームとリーダーのクレセンスは、二〇〇五年から一〇年にかけて行われた沼沢地マール・オゥ・ソンジュ再発掘チームの一員だ。その成果は見事なもので、新たなドードーの標本だけではなく、かつてのモーリシャス島の古環境を知るための鍵になる多くの動物種、植物種の亜化石を見つけ出した。そして、今、視点を変えて、新たなドードーの「遺物」を見出そうと陸上での予備調査を始めているのである。

というわけで、ぼくたちはその発掘計画に従って、ひたすら地面に這いつくばり、ぽっかりと開いた小さな穴を見つけては中に堆積したものを掻き出す。

ドードーがかつていた島で、ドードーが歩いたかもしれない森の中。無理な体勢で作業を続けるのはかなり骨が折れることだが、それはそれで、ドードーに一歩一歩近づいている気もする。

日本で始めた「堂々めぐり」がここで一巡するのではないか。ドードーについて、新しい認識に到達できるのではないか。そんな予感を抱きながら、ぼくは岩の隙間に手を突っ込み続ける。

美容師が見つけたドードー

この調査隊のきっかけとなったチリューの発見について見ておこう。それはドードー史の中で比較的最近、二〇世紀のモーリシャスの物語である。

フランスのロワレ県(Loiret. パリの南側にある自治体)出身で、若くしてモーリシャスに移住したチリューは、首都ポートルイスのお洒落な美容院ブランジョン(Brangeon)に勤める美容師だった。休日には科学書を読んだり、モーリシャス島の南北を隔てるモカ山脈にハイキングにでかけたりするような科学、自然の愛好家で、洞窟などで見つかる古い動物の亜化石を収集していた(2)。

彼は、一八九九年、ポートルイスにほど近いモカ山脈のルプス山(Mt. Le Pouce)下の岩場で、ドードーの骨を発見した。それらを回収してスケッチした上で、ケンブリッジ大学の比較解剖学教授アルフレッド・ニュートンに手紙を書いた。リチャード・オーウェンと、ドードーの標本獲得競争をしたあ

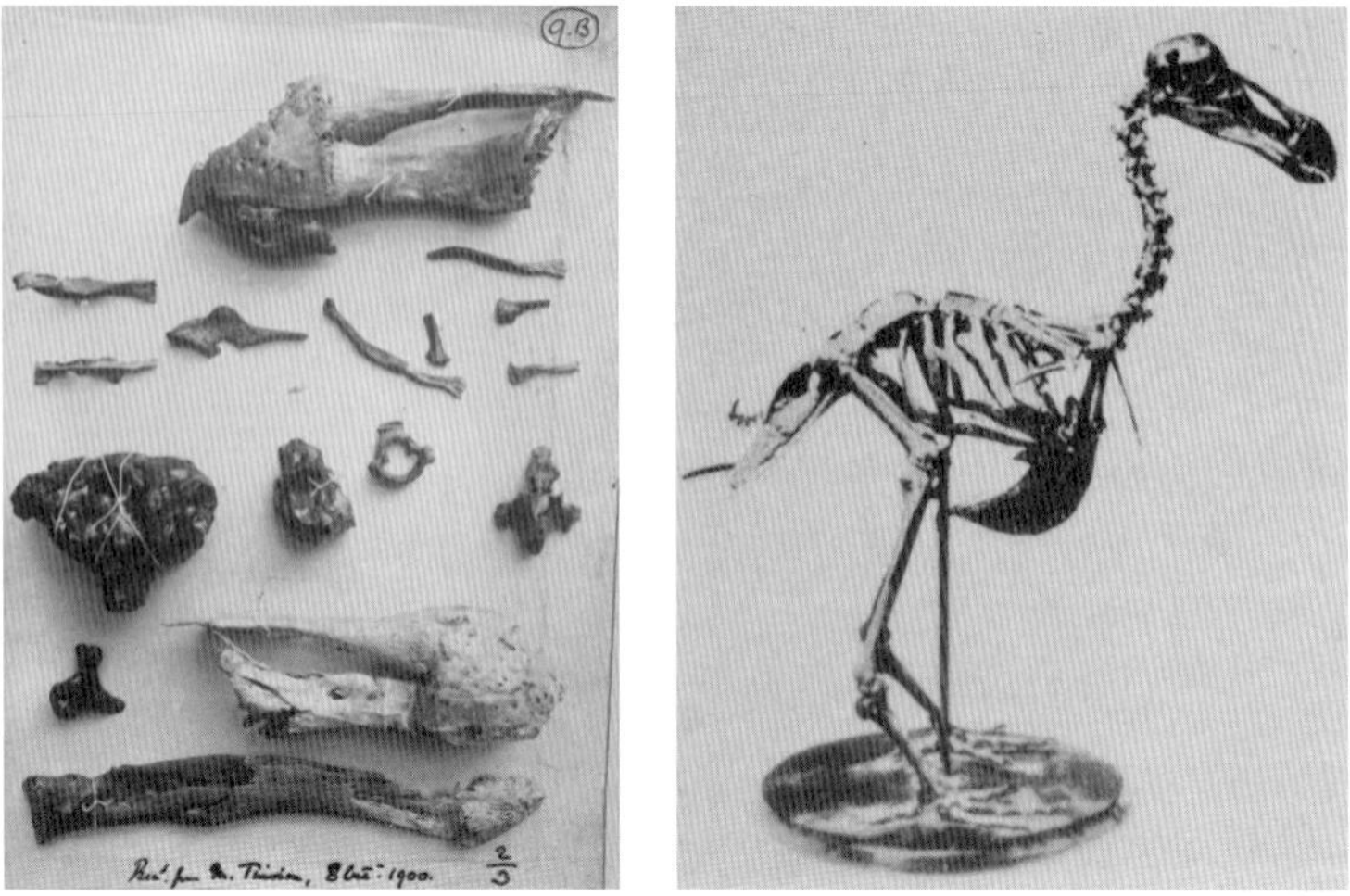

図3-2　チリューが見つけニュートンに送った標本(左)と1個体に由来する全身復元(右). Claessens & Hume 2015

の人物である。オーウェンは一八九二年に他界しており、この時点でマスカリン諸島の絶滅鳥類の最高権威と目されていたニュートンに連絡するのは自然なことだった。ニュートンも強い関心を示し、二人のやりとりは一九〇七年にニュートンが没するまで続くことになる。

　チリューが採集したドードーの亜化石は数多く、中には非常に貴重なものが見出される。例えば、ドードーの幼鳥の骨は他では知られていないものだ。しかし、残念なことに今は行方が分からなくなってしまっている。一羽のみに由来する、ほぼ完全な唯一無二の全身骨格もチリューが見出し、こちらは今では地元ポートルイスの自然史博物館が所蔵している(図3-2)。

　その完全な骨格がいつどこで見つかったのか、記録は残されていない。しかし、推測はできる。

　まず、時期としては、ニュートンとの書簡では触れられていないことから、書簡のやりとりがひとたび途切れた一九〇二年以降で、一九〇三年にモーリシャス政府の報告書に「チリュー氏が見つけた単一個体に由来する完璧なドードー骨格」と言及されるまでの間と考えられる。

場所は、ポートルイスから徒歩圏内で、チリューが普段からフィールドにしていた場所のどこか、というのが最低限言えることだ。チリューは、ニュートンへの書簡の中で、海抜八〇〇フィート(約二四〇メートル)や、一三〇〇フィート(約四〇〇メートル)の場所で標本を採集したと述べており、例えば、最初の標本を発見したモカ山脈の丘陵や渓谷、さらにポートルイスの南西にあるコール・ドゥ・ギャルド(Corps de Garde)山の周辺が候補になる。

時間との戦い

さて、二一世紀に結成されたチリュー調査隊2017が選んだフィールドは、ポートルイスから南に五キロほど離れたオリィ山(Mt. Ory)の山腹だ。モカ山脈の一番西側に相当する峰で、チリューの活動範囲の中に入る。ただ、この周辺は外来種の低木が密生しており、長らく人が入り込むことができなかった。ところが、二一世紀に入ってからこれらが枯死したため、広大な未調査(と思しい)地域が、調査可能になった。

そこで、我々はチリューも行ったであろう、岩の隙間や斜面の堆積物の中から動物の骨を探す作業に取り組んでいるわけである。

「時間との戦いですよ」とヒュームは言う。「チリューがすばらしい亜化石を見つけたのは、今から一〇〇年と少し前です。それから一世紀が過ぎて二〇〇六年に洞窟で見つかったドードーの骨は、もうぼろぼろになっていて、土に還る目前でした。たぶんチリューの方法で骨を見つけられるのは今がもうぎりぎりなんですよ」。

ヒュームは二〇〇六年の発見の論文（発表は二〇一六年）の共著者だ。発見者であるハワイの洞窟生態学者の一人フレッド・ストーン（Fred Stone）の名を取って「フレッド」と呼ばれているその標本は、発見時、すでに溶岩洞窟の中で土に還りそうな脆い状態だった[3]（図3-3）。それでも、一個体に由来する全身の骨であることや、はっきりとした場所と産状（産出した状態）が分かるものであること、また、

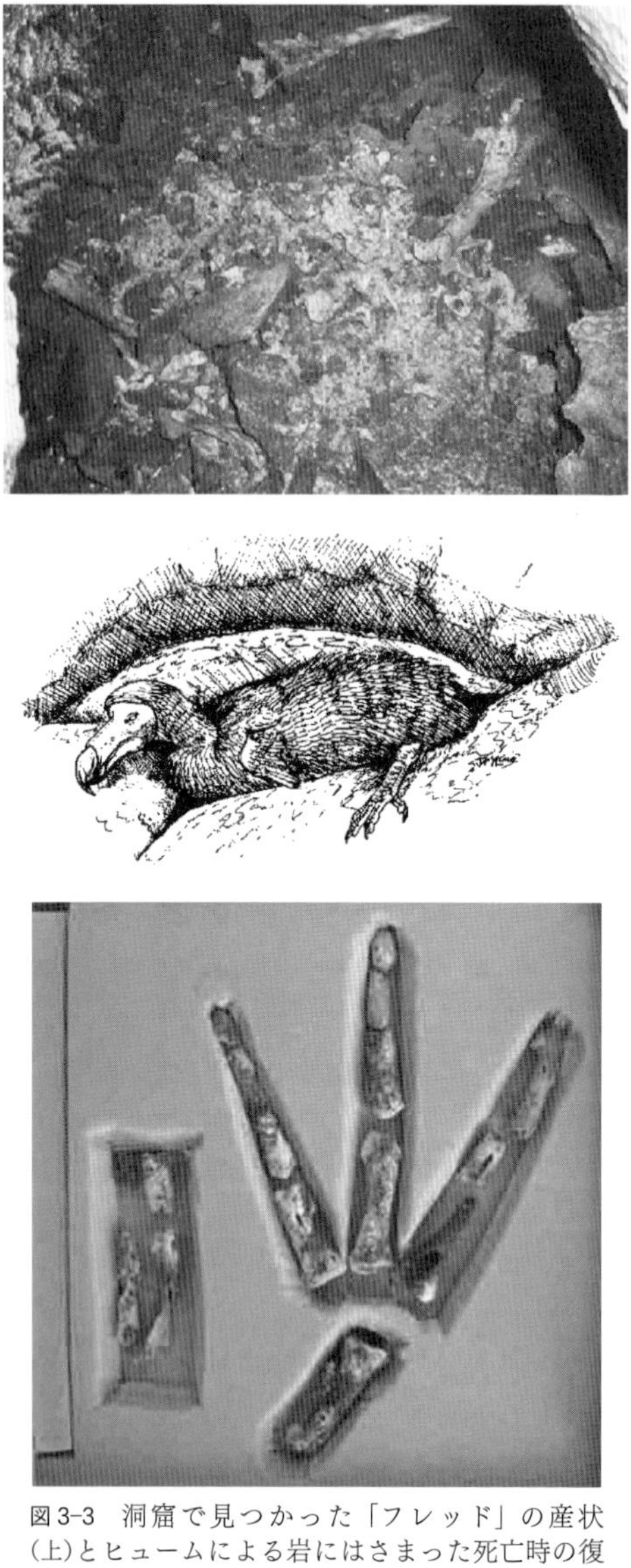

図3-3　洞窟で見つかった「フレッド」の産状（上）とヒュームによる岩にはさまった死亡時の復元図（中）と足の骨（下）．Middleton & Hume 2016

行動面でも高地にまで進出していたことが確認されたことなど、様々な面で重要な発見となった。

だから、そのような発見が今回の調査でも期待されており、一九〇〇年代のチリューの標本、二〇〇六年のフレッドに続く、三羽目の一個体の全身標本を得る壮大な目標があった。

熱帯の島であり年間を通して日中の気温は高い。汗が滴り落ちる中で、時には地面に体を横たえて、窮屈な格好で腕を伸ばし、岩と岩の隙間の空間から内容物を掻き出す。さすがにチリューも、そこまではやらなかったのではないだろうかと思うほどの徹底ぶりだ。

気が遠くなるような作業だった。岩の下の空間に詰まっている土には、毛細血管のような根っこが縦横無尽に走っている。つまり、木の根っこに抱かれて、もともとはあったはずの骨もすぐに崩れてしまうのではないかと思えるような状態なのである。こんな環境の小さな空隙で、動物の骨が数世紀もの間、形を保つことなどできるのだろうかと疑問を抱かざるを得なかった。

そんなことを考えていると、ヒュームが「これはよい徴候だ」とぼくに掌の上のものを見せた。ごくごく小さな陸生の貝の殻だ。

「これはもう絶滅している貝で、絶滅の時期はドードーと近い。このあたりは見込みがあります」

そう言われるととたんにやる気が出てきて、しばし懸命に掘り続ける。とはいえ、そう簡単に見つかるわけもなく、ひたすら空振りを続けることになる。

ぼくが見つけた「大物」は、小さな上腕骨だ。ドードーのものであるはずがないサイズなのだが、それでもネズミよりは大きい。

とすると――

「テンレックかもしれない」ということになる。

テンレックはマダガスカルの固有種で、ここでは移入種だ。いずれの発見物も小分け袋にきちんと分類して、貴重な標本として持ち帰ることになるのだが、ドードーはひたすら遠い。そんなふうに感じざるを得ない発掘体験だった。

ここにいる実感

だからといって徒労だったわけではまったくない。疲れを感じて、林床に腰掛け休んでいると、本当にここまでやってきたのだと感慨を抱いた。つまり、ドードーがかつていた場所、ということだ。往時のドードーは、こういった山腹のかなり急な斜面を、バタバタ翼を羽ばたかせてバランスを取りながら行き来しただろう。そして、たくましい両足と、がっしりしたクチバシも使いつつ移動する姿は……本当に「野生生物」だった。ぼくにはその姿が鮮やかに想像できた。

ルドルフ二世の宮廷画家サフェリーが描いた太ったドードーではなく、『不思議の国のアリス』に出てくる擬人化されたドードーでもない。ましてや、絶滅動物の象徴ですらない、まさに等身大の野生のドードーがかつてこの斜面で、ぼくたちと同じようにどろんこになりながら歩きまわっていたのである。発掘に参加して、ぼくがまず得たのはまさにそのような確かな実感だった。

さらに「実感」には留まらない取材計画も立てていた。ヒュームの助言などをもとに作ったリストはこんなふうだ。

・一五九八年にファン・ネック艦隊の上陸から始まるオランダ領時代の史跡を確認。
・マール・オゥ・ソンジュ。一九世紀に大量のドードー亜化石を産して、二一世紀になってヒュームやクレセンスが再発掘した現場を確認。さらに日本人研究者、近藤典生の足跡をたどる。
・ラ・ヴァニール自然公園、エボニー(黒檀)の森自然公園、まるまる保護区になっているエグレット島など、モーリシャス島の生態系復元の実験場となっている場を訪ねる。
・もう一つのドードー類、ソリテアがいたロドリゲス島を訪問する。

オリィ山での発掘調査は午前中にとどめ、午後の時間を使って各地をめぐることにした。

2　一七〜二一世紀を駆け抜ける——島の発見、夢の池、そして近藤典生

ヒンドゥの巨神とカニクイザルたち

あらためて地理的なことから確認する。

モーリシャス島を含むマスカリン諸島は、アフリカ大陸沿岸の巨大なマダガスカル島のさらに東、インド洋の真ん中に連なっている(図1-13)。「諸島」といわれてイメージする島々の集まりというより、むしろそれぞれが孤島だ。マダガスカル島から一番近いレユニオン島はフランス領で、モーリシャス島とロドリゲス島はモーリシャス共和国をなす。

モーリシャス島の面積は、およそ一八七〇平方キロメートル。日本と比較すると、沖縄本島の五割

図3-4　モーリシャス島の平地のサトウキビ畑

増し、四国の一〇分の一ほどの広さだ。火山島とはいえ最高峰は八〇〇メートルあまりで、平野、高原のなだらかな部分も広い(図3-4)。月間の平均気温が常に二〇度台ということで、熱帯地域にあってはかなり住みやすい気候である。

人が定住するようになった一七世紀以来、オランダ、フランス、イギリスが統治したことから、多層的な社会背景を持つ。英連邦(コモンウェルス)に属し英語を公用語としながらも、日常的な場面ではフランス語かモーリシャス・クレオールが優勢だ。フランス領時代にアフリカ系の人々が奴隷として連れて来られたことがその背景にある。続くイギリス領時代には奴隷制が廃止され、新たな労働力としてインドからの移民(低賃金で働くいわゆるクーリー)が流入した。その結果、現在は人口の七割近くをインド系が占める。

だから、アフリカに分類される地域なのに住民の顔つきはアジア系が多く、宗教的にはヒンドゥ教徒が最大勢力だ。シヴァ神などの祠があちこちに見られ、山間の道を車で走っていると突然、巨像があらわれて驚かされたりする。また、アジアから連れて来られたカニクイザルの群れが定着していて、かなり威嚇的・攻撃的に食べ物をねだってくる[4]。

つまり様々な側面で「アジア的」なのだが、人々が口にする言葉はフランス語、あるいはフランス語をベースにしたクレオールだ。街に出れば、肌の黒い人や、ひと目でイスラム教徒と分かる服装の人たちも多い。ここがインドでも東南アジアでもなく、もっと混交した場所だ、と体感できる。

オランダ領時代を訪ねる

現在のモーリシャス島において、オランダ領時代は、人的・文化的な連続性が薄くなっており、むしろ「歴史」の一コマと認識されているようだ。

はじめて人が定住し領有を宣言したのだから、もちろん島の歴史としてはきわめて重要な一コマだ。そもそも「モーリシャス」は、オランダという国の「原型」とされるネーデルラント連邦共和国の盟主オラニエ公マウリッツにちなんだ"Mauritius"を、英語読みしたものだ。

一五九八年にファン・ネック艦隊が上陸した地点を最初に訪ねると、マングローブの森のあい間にモニュメントが建立されていた。そこから見る海の色には肉眼でも分かる濃淡があり、色が薄くなっている部分はサンゴ礁のために水深が極端に浅いことが見て取れた。船乗りたちは、その隙間を縫ってボートで上陸したのだろう(図3-5)。

モニュメントに刻まれているレリーフはオラニエ公マウリッツの肖像だった。そして、その下にある碑文には、ウェイブラント・ファン・ワルウェイク(Wybrand van Warwijck 1566/70-1615)の名が上陸者として刻まれていた。

一般には、ファン・ネック艦隊がモーリシャスに到来したと表現されるが、実際には提督のファン・ネック自身はモーリシャスを訪ねていない。副提督のファン・ワルウェイクの乗艦アムステルダムなど五隻がモーリシャスを経由してからインドネシアを目指した。そのため、地元の歴史としては「ワルウェイクが来た」ということになる。このあたりの上陸地点付近で、彼らは水を補給し、ドードーもとりあえずは食べてみた。そして「ワルフフォーヘル」(吐き気をもよおす島)と呼んだ。

つまり、この場所には野生のドードーたちがいたのである。航海記に掲載された有名な図版を思い出し、頭の中で重ね合わせてみる。オランダ人たちが海岸で作業をしている背景に、ドードーやゾウガメが描かれているもので、いずれもごく普通に見られる生き物だったのだろう(図2-3)。後年よく描かれたような、「ドードー狩り」のようなことも初期には実際に行われただろう(図3-6)。

図3-5　ファン・ネック艦隊の上陸地点

さらに一六〇一年、野生のドードーがスケッチされたベニティエ島へ。沖合一〇〇〜二〇〇メートルにある今にも沈没しそうな砂州の島だ。木々が生えてはいるが、サイクロンのシーズンには吹き飛ばされるではないだろうかと心配になるほどむき出しである。

海岸から丘陵へと上がっていく坂道から島をのぞむ景観に、心奪われた。本当に文句なしの絶景で、丘陵から見下ろす夕景を写真に撮りに来る人たちも多い。一方、ぼくはといえば、やはり木々の生えた砂州の中に、頭の中でドードーを配置して行動させることに専念した。航海日誌にスケッチされた、生き生きとしたドードーの絵(図0-11)を思い出せば、砂上を活発に動き回る様を頭の中で描き出すのは簡単だった。

こんな環境なら、海から打ち上げられるものや、貝やカニなども食べたのではないか。ヒュームたちと探す山肌のドードー、ワルウェイクが上陸したあたりのマングローブの森のドードー、そして吹き飛びそうな砂州の小島のドードー……といったふうに様々な環境で生きる野生の鳥のイメージがどんどん膨らんでくる。

ふたたび車を走らせて、初期の入植者の定住跡へ。フレデリック・ヘンドリック要塞と呼ばれる遺構は、一八世紀のフランス領時代の石造建築の廃墟だが、一七世紀中には同じ場所にオランダ人が住んでいた。発掘調査が行われた際に出てきた動物骨の中に、ドードーのものがまったくなかったことはすでに触れた。ここではオランダ人の痕跡をフランス人が上書きし、それすら土に還りつつあることにしみじみと感じ入る。一七世紀、一八世紀というのはそれほどの距離にある。

図 3-6　ドードーの狩猟風景の再現画．Hutchinson 1910

マール・オゥ・ソンジュ、夢の池へ

時は移り、一九世紀、イギリス領時代。生物学が科学としての体裁を整えつつある時代に、ドードーの骨を見つけようとする気運が高まる。

発見競争の側面もあった中で、ドードーの亜化石が大量に見つかったのは一八六五年のことだった。ドードーの絶滅から二〇〇年もの時間が過ぎ、イギリスのオックスフォード大学の標本に想を得たドジソン（キャロル）が『不思議の国のアリス』を出版したのと同じ

図 3-7　サトウキビ畑(右側)とフェンスで囲まれた湿地の木立
年だったことを思い出そう。

発見地は沼地で、こんなところから見つかる亜化石が真剣な発掘の対象になるというのは、つまり「目が多い」状態になっていたからだと思われる。多くの人がドードーの骨を求めており、発見者の教師ジョージ・クラークに至っては、三〇年間もドードーを念頭において化石探しをしていたという。だからこそ、ほんの小さな情報からドードー発掘の可能性を感じ取ることができたのだろう。

我々はいまやその伝説の発掘地を訪ねることができる。その名は「マール・オゥ・ソンジュ(Mare aux Songes)」。フランス語として素直に読めば「夢の池」の意味になる。実をいうと、この「ソンジュ」は、フランス語ではなく、かつてこの沼地に多く見られた「タロイモ」を意味する現地語なのだそうだが、今ではすっかりタロイモは取り払われ、むしろ「ドードーたち固有種が闊歩した夢の時代が沈む池」というふうにイメージされる。

二〇〇五年から一〇年にかけて同じ場所で発掘をしていたヒュームに道を教えてもらい、衛星写真まで確認した上で、万全を期して目指した。

一帯は海辺に近い平地で、サトウキビの巨大な農場が広がっている。その中の小道は、自分の背よりも高いサトウキビが連なる壁にはさまれた迷路だ。

途中で何度か散水用の農業機械の上に登って方向確認した。サトウキビ畑の海の中に浮かんだ島のような木立が目印だから迷うことはないのだが、それでもずいぶん心細かった。なんとかたどり着くと周りはフェンスで囲まれており、ぽつんと置かれたトレーラーハウスに詰めていた警備員が鍵を開けてくれた(図3-7)。

警備員は肌の色が濃いアジア系で、祖父母の代にモーリシャスに来た移民の末裔だそうだ。まだインドの一族とつながっていて、ニューデリーとパンジャブ州の家族のもとに「里帰り」することもあるという。インドとモーリシャスというのは、それくらいの距離感だ。「インドにもドードーが来ていたのを知っているか」と聞いたら、彼は知らなかった。

ラーガーシュテッテ——化石の集積

ゲートから中に入ると、外からは密生しているように見えた木立が開け、シダが群生する沼地が広がっていた。ここがドードー亜化石の発見場所だったかと思うと、よくもまあこんなところで発掘作業をしたなあと感じる。

単調なサトウキビ畑において多様性のオアシスともいえる湿地と森林のセットなので、いろいろな動物に出会った。水辺で跳ねるカエル、そして足元をすり抜けるトカゲは、いずれもマダガスカルからの移入種だ。巨大なカタツムリも、アフリカ大陸原産で、マダガスカル経由で入ってきたもの。かなり凶暴というか、地元のカタツムリを一掃してしまったことで知られる。

モーリシャスは絶滅の島。ドードーだけではなく、本当にたくさんの動物が人類の到来以降に姿を消した。一帯の植物はかつてと同じものだというが、今は別の動物たちのすみかになっている。

そんな認識を新たにしつつ、二〇〇五年から一〇年の再発掘の開始後に書かれた論文をぱらぱらとめくった。現場の地図が描かれており、「ガイドブック」にもなりそうなものだ(5)。さっそく国際調査隊が設置した井戸が見つかり、そこがまさにメインの発掘場所だと分かった(図3-8)。

図3-8　沼地の発掘地点．右に調査隊が設置した井戸が見える

近くの木陰でさらに読み進める。ヒュームらの調査隊は、ここを「ラーガーシュテッテ(lagerstätte)」と呼んだ。ドイツ語で「集会場」みたいな意味だが、地質学的な文脈では化石が大量に見つかる場所を指す。火山島の環境でなかなか残りにくい動物の骨が大量に見つかったわけだから、その名に値した。

一九世紀の発掘では、ジョージ・クラークが地元民を雇い、沼の中を歩きながら足裏の感触で骨を察知して、足の指に挟んで拾い上げた。一方で、二一世紀の発掘では、マラリア対策で大量に盛られていた小石を取り除いてから、数メートル×数メートルほどの枠をあらかじめ作り、その中を掘り進めた。水が浮き出してきたら、ポンプで掻き出していわば「干拓」する。そして、骨が出てくる層にたどり着くと、産状を慎重に記録しつつ遺物をもれなく回収した。一九世紀の発掘が単に動物骨を求めるものだったとしたら、二一世紀の発掘は堆積環境、生態系の再現を視野に入れており、より丁寧に行う必要があった（図3-9）。

結果は実り多いものとなった。まずこの「ラーガーシュテッテ」の時代と成因がかなりはっきり分かったことが印象的だ。こんなタイムラインが明らかになっている（図3-10）。

図3-9　発掘の様子．提供：Julian Hume

・一万年よりも前の時代、ここは溶岩洞窟の上にある丘陵地で森に覆われていた。

・一万年ほど前、地下の溶岩洞窟が壊れたことで、地面が落ち込んで周囲よりも窪んだ低地となった。当時、海面が今より二〇メートルほど低かったため地下水位も低く、窪んだままの状態で森ができたと考えられる。

・八〇〇〇年ほど前に海面が上昇し、海岸が近づいたため、この窪地にサンゴなどの生物由来の炭酸塩砂が吹き飛ばされて積もった。これによって土壌がアルカリ性に傾くことになった。

・四〇〇〇年ほど前までに、海面が現在よりも二メートル下くらいのところにまで上がり、地下水面も上がったことから、一帯が浅い湖となった。島は乾燥しており、旱魃に見舞われるたび、縮小する湖面に引き寄せられるようにして生き物が集まった。

・ひどい乾燥期には、二ヘクタールほどの池に、動物の排泄物が集積し、塩分濃度が高まり、折からの高温があいまって、有毒なシアノバクテリアが発生する「毒の池」となった。集まった動物は、毒にやられ、脱水し、踏みつけ合い、泥に足を取られ、大量死した。(6)

といったシナリオだ。「毒の池」による大量死イベントは四二〇〇年前とされ、発掘された亜化石の多くはこの時のものだという。ひとたび死んで沼に沈むと、海岸に近いためサンゴ由来の炭酸塩が豊富で弱アルカリ性に傾いた骨の保存に適した環境になり得た。

なお、ここで見つかったドードーは下半身の骨が相対的に多く、頭骨や翼などの骨は少ない。それは、足を取られて死んだ後、上半身はむき出しのままになり、肉食の鳥などに食べられ、散乱してしまったことが多かったからではないかとヒュームは考えている。(7)

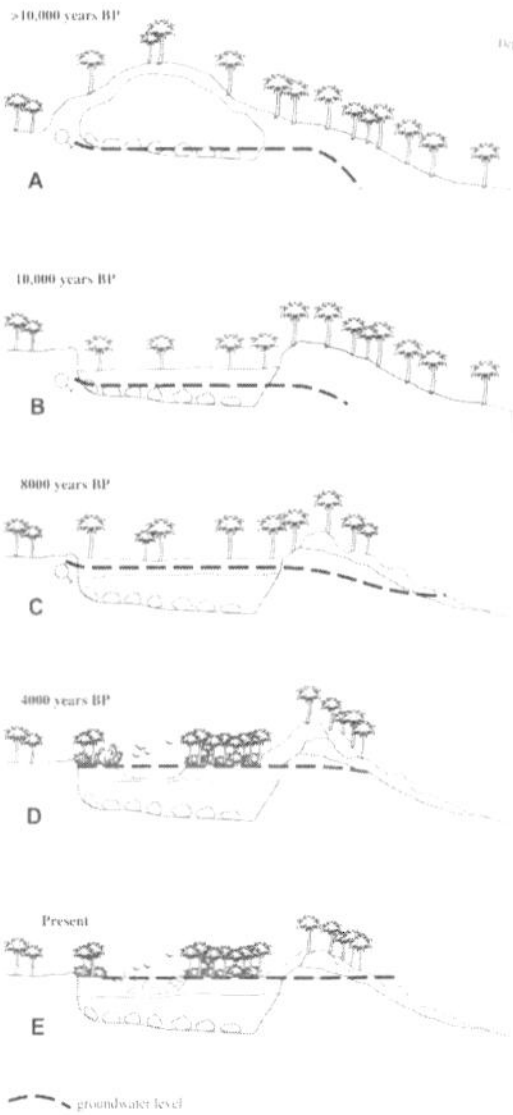

図3-10　「集積地」ができるまでの経緯．A：1万年以上前，溶岩洞窟の上は森林だった．B：1万年ほど前，溶岩洞窟が崩落し窪地になる．C：8000年ほど前，海面が上昇し海岸が近づきサンゴ砂などが積もる．D：4000年ほど前までに，地下水面が上がり浅い湖になる．乾燥期には水を求める生き物が集まる．E：現在．Rijsdijk et al. 2009

夢の池の生き物たち

では、どんな生き物がマール・オゥ・ソンジュから見出されるのか。国際調査隊は、二〇〇五年六月から七月の二カ月で発見したものをリストにして公表している。

まず、特筆すべきは、大型動物の骨が極端に多いことだ。

ゾウガメ（複数種）は、大腿骨一五九個体分、上腕骨一三五個体分。

ドードーは、骨盤三三個体分、跗蹠骨最低三〇〇個体分。

かなりの数だといえる。ゾウガメもドードーも生息数が多かっただけでなく、重いがゆえにぬかるみにはまりがちだったのかもしれない。

さらに、小鳥のモーリシャスベニノジコ（*Foudia rubra*）が最大二〇個体分、モーリシャスメジロ（*Zosterops sp*）が最大二七個体分、ドードーよりも小柄な飛べない鳥モーリシャスクイナが四個体分、がっしりしたクチバシが特徴的なモーリシャスインコ（*Lophopsittacus mauritianusa*）が七個体分、モーリシャスフクロウ（*Mascarenotus sauzieri*）が二個体分、ピンク色の羽毛が美しいモモイロバト（*Nesoenas mayeri*）が二個体分といったふうに続く。

鳥以外の脊椎動物では、モーリシャスヒルヤモリ（*Phelsuma guimbeau*）が三個体分、モーリシャスジャイアントスキンク（*Leiolopisma mauritiana*）が二〇個体分などの爬虫類、モーリシャスオオコウモリ（*Pteropus niger*）九個体分をはじめとするコウモリ類なども見つかっている。

ここに挙げたうち、小鳥二種とモモイロバト、ヒルヤモリ、オオコウモリ以外はすべて絶滅種だ。

図 3-11　ヒュームによる往時のマール・オゥ・ソンジュ再現画．Julian Hume 2006

四〇〇〇年前のこの地では、そういった生き物たちが湖畔に集まり、賑わいをみせていた。

ヒュームによる再現画をぜひ見てほしい(図3-11)。湖の際まで森が迫っており、その中で卓越しているのは何種類かのラタニアヤシだ。尖った葉先を天に向けている。少し陸地に入ったあたりには硬い幹を持つ「鉄の木(Bois de Fer)」と呼ばれるような樹種が並んでいる。

湖と森に囲まれた泥地には、ドードーがおり(中央下側)、クイナがおり、ゾウガメが闊歩した。モーリシャスメジロなどの小鳥たちのさえずりが響き、森からはモーリシャスインコなどの大柄のインコたちが飛び出しては、また森に戻っていった。

海に近いこともあって、風向きによっ

ては時々潮の匂いがしたことだろう。強い日差しの中で、生き物たちは水を飲み、あるいは草を食べ、魚を追いかけ、それぞれの生を謳歌する。泥に足を取られて力尽きたゾウガメやドードーが骨を晒していたとしても、それらもまたこの場に生きて、死をもって新たな生をはぐくむサイクルの一部だ。

こんなふうにかつてのことを鮮やかに蘇らせて語りうるのが、どれだけすごいことか。二〇世紀にこのサイトの「再発見」と試掘をしたのが、日本からやってきた近藤典生だということを思い出し、彼の足跡を少したどってみよう。

近藤典生という巨人

ヒュームに指摘されてから調べたところ、一九九〇年代の近藤の活動は、二つの英文書籍に記録されていた。アラン・グリホウルト(Alan Grihault)の"Dodo : The Bird Behind the Legend"(『ドードー——伝説の背後の鳥』二〇〇五年)と、ジョリオン・パリシュの"The Dodo and the Solitaire : A Natural History"(『ドードーとソリテアの自然史』二〇一二年)だ。情報量が多い後者を訳して引用する。

一九九二年四月一五日、モーリシャス王立技芸科学協会のミーティングにおいて、クロード・ミシェルが、マール・オゥ・ソンジュの泥炭地に、今でも骨が含まれているか調べてみるべきだと提案した。一九九〇年代、東京農業大学の近藤典生は、日本の皇族(royal family)の鳥類学者の援助を受けて、ドードーの調査をしていた。一九九三年、彼は友人であるロベール・アントワーヌ(モントレザー・モンデザー農場)に連絡し、マール・オゥ・ソンジュの地域特徴を知るために六〜九メートルの試料《コア》を五つ採取した。それらのうちの二つからドードーの骨片が見つかり、東京【農業?】大学によって同定された。一九九三年一〇月一〇日の協会のミーティングでは、一つのコアの中に、ドードー、ラタンの種、サンゴ砂などが見つかったことが報告された。近藤はさらに骨を見つけるために発掘調査をするべきだと提案したが、残念なことに、この日本人鳥類学者が亡くなり、またアントワーヌもそれを追ったために計画は停止した。それ以降、二〇〇五年になってレイスディク(Rijsdijk)、ブニク(Bunnik)、フローレ(Floore)がそれらを見るまで、農場から回収されることも研究されることもなかった。

当時、モーリシャスの地元科学コミュニティの中で、マール・オゥ・ソンジュの再発掘が議論されており、近藤の調査とニーズが一致したことも読み取れる。試掘の際に単にドードーだけでなく、ラタンの種、サンゴ砂といった、生態系の全貌、周辺環境の部分にも目を向けている部分は、近藤の現代的な関心を反映しているようにも感じられる。

一九九三年に試掘した五つのコアの「その後」も興味深い。二〇〇五年に始まったマール・オゥ・ソンジュの再発掘プロジェクトの国際チームのメンバーが、十数年ぶりにその存在を確認した。そして、それらは今も農場に残されたままのはずだという。

はたして、この情報にどれだけ信憑性があるのか。近藤が創設した進化生物学研究所に確認したのだが、残念なことに記録は残されていなかった。近藤は普段から「自腹」であちこち飛び回っていたため、研究所の公式の記録に残らないような渡航も多かったという。また、当時をよく知る関係者もすでに亡くなっていたり高齢だったりで、近藤の晩年のプライベートな行動まで知るのは難しい。一九九三年とは、すでに三〇年近く前のことなのである。

ただし、収穫がなかったわけではない。

まず、皇室の鳥類学者からの支援があったという記述については、「山階鳥類研究所のことではないか」という示唆を得られた。山階鳥類研究所の創設者、山階芳麿《よしまろ》（一九〇〇—八九）は旧皇族で、現在の総裁は秋篠宮文仁親王である。また、秋篠宮親王は、近藤の業績をまとめた『環境共生学の祖　近藤典生の世界』（淡輪俊、東京農業大学出版会、二〇一〇年）の巻頭に「発刊によせて」という序を寄せるなど近藤と親交が深く、一九九〇年のマダガスカル調査・視察にも参加されている。

もっとも山階鳥類研究所側にも、近藤がモーリシャス島で調査研究を行った記録はないとのことで、謎が解決したわけではない。もしも確証が得られれば、山階鳥類研究所とドードーの関係（蜂須賀正氏に由来する日本で唯一のドードーの標本を持つ）を考え合わせて、非常に「納得感」がある話だ。(8)

マール・オゥ・ソンジュを訪ねた以上、当然、近藤の訪問についての記録や、その際に残されたはずの試料を見られないかと、農場の持ち主であるサトウキビ企業の事務所を訪ねたのだが、こちらの方も情報が得られず残念なことだった。

日本発の「ドードー・プロジェクト」

この件、モーリシャスから帰国した後もずっと気になっており調べ続けた。そして、本書の第一稿を書き上げた後に、やっと近藤のモーリシャス訪問の具体的な証拠を摑むことができたので報告する。

近藤典生がバイオパーク構想を実現する中で、造園設計を担った相馬ランドスケープ計画事務所の相馬正弘の名を、近藤の一九九〇年マダガスカル調査・視察への渡航記録の参加者リスト中に見つけ、もしやと思い、連絡を取った。相馬は、伊豆シャボテン動物公園、長崎バイオパークの景観設計にも関わり、バイオパーク計画の推進においては、近藤の右腕として活躍した人物である。

相馬本人に直接インタビューすることは叶わなかったが、一九九三年のアルバムを託されたので、そこから分かる範囲でのことを概説する。

近藤と相馬は、一九九三年七月二〇日(火)から二三日(金)まで、三泊四日の日程でモーリシャス島を訪ねた。旅程表を見る限り、二人旅だったようだ。一番の目的は、大統領官邸に日本庭園を造る計画を進めることで、予定地の地図と様々な角度から現地を撮影した写真が残されている。

そして、それと同じくらいの重みで、ドードーをめぐる調査を行っている。二〇日の早朝、到着するやいなや、出迎えたロベール・アントワーヌ(情報通りだ!)、フランス・スタウブ(鳥類学者で、「コラム」にすでに登場)とともにマール・オゥ・ソンジュを訪ねた(図3-12)。相馬がアルバムに残した写真のキャプションには、「サトウキビ畑の谷戸で現在軍の護美捨場として利用されているが、ドードーの生息地と推測されることから、保全対策として公園化を図るプロジェクトを提案」とある。つまり、近藤の意図は、単なる発掘に留まらず、ドードーの生息地としての自然公園を創設すべきだというものだったらしい。そして、それを「ドードー・プロジェクト」と呼んだ。写真の中の近藤は、かつてのドードー生息地、亜化石の産地を精力的に踏破している。

翌二一日には大統領官邸を訪ねて午前中に大統領に面会し、午後には日本庭園をめぐる打ち合わせが入った。その中の議題には「マール・オゥ・ソンジュ　ドードー・プロジェクト」が含まれていた。さらに最終日、二三日の日中には、博物館でドードーの標本と対面した上で（図3-13）、生態系復元が始まっていた沖合のエグレット島にまで足を伸ばし、夜の便の飛行機でモーリシャスを後にした。

以上のような足取りをたどることができ、少なくとも近藤がモーリシャス島を訪ねて「ドードー・プロジェクト」の名を冠した生態系保全の仕事を始めようとしていたことははっきりした。さらに、現在、マール・オゥ・ソンジュを取り巻く木立が、近藤の訪問後に彼の意見を受け入れて植林された

図3-12　1993年7月20日，マール・オゥ・ソンジュにて．近藤は右から2人目．提供：相馬正弘

図3-13　1993年7月23日，博物館の近藤．提供：相馬正弘

固有種の森だということも分かった。近藤の「環境共生」のモーリシャス版は、二〇世紀末の段階で、その第一歩がすでに踏み出され、「夢の池」周囲の小さな森林としてすでに結実している。

ふと思い出すのは蜂須賀正氏のことだ。前にも述べた通り、蜂須賀は「絶滅鳥類の話」と題したエッセイの中で、ドードーなどの絶滅鳥を「一人で研究するのは寂しい」「鳥学にこういう部門もあると云うことをいつも念頭に置いて頂き度い」と孤独を訴える発言をした。しかし、二〇世紀の最後の一〇年には、蜂須賀の時代までの博物学的な絶滅鳥類研究から一歩進んだ進化生態学的な知見の中で、あるいは生態系保全の実践の中で、絶滅種が捉え直されるようになった。近藤の「ドードー・プロジェクト」はまさにその新しい文脈に基づくもので、ここにおいて蜂須賀の孤独は現代的な形で解消されたように思える。

では、近藤がドードーの亜化石を見出したとされる試掘は本当に行われたのだろうか。コアが実在する以上、誰かが行ったこと自体は間違いないのだが、近藤はどの程度、関与したのだろう。相馬のアルバムにもそのようなシーンはなく、また相馬本人も「覚えていない」とのコメントを寄せてくれたので、一九九三年の訪問時ではなかったのかもしれない。今後も調査を続けたい。

「環境共生」の実験場?

近藤典生の直接的な足跡ではないものの、彼の「環境共生」を想起させる「出会い」なら、モーリシャスで幾度となく経験した。

島内の観光名所としても知られるラ・ヴァニール自然公園と、モーリシャス固有の森を復元するエボニー（黒檀）の森自然公園（図3-14）は、まさに近藤的な保全活動の実践の場に見えた。これらを運営する団体は、モーリシャス島内だけでなく、ロドリゲス島のフランソワ・ルガ自然保護区（正式には「ゾウガメと洞窟」保護区）、マダガスカルの二カ所の小さな自然保護公園も経営している。マダガスカルのものは、恒久的な施設があるというよりも、地元の人たちによるネイチャーガイドなどで雇用を創出して地域環境との共生を目指すなど、近藤のボランティア・サザンクロス・ジャパンを思わせる。(9)

こういった活動の本部になっているのはラ・ヴァニール自然公園だということで、滞在中に訪ねた。丘陵地にある敷地に足を踏み入れてすぐに理解したのは、ここが基本的には動物園だということだ。動物がいて、それを見ることができる。柵なしで飼われているものも多く、近藤のバイオパークを想起させる。

一方、動物園としては非常に特殊な部分もあることにもすぐ気づいた。ここにはゾウはいないし、ライオンもいない。ほぼすべてが地元の、あるいは飼育する必然性がある動物に限られている。

例えば、アルダブラゾウガメ。モーリシャス同様、インド洋の島国であるセーシェル共和国、アルダブラ環礁の固有種だから、モーリシャスの動物ではないものの、今、モーリシャス固有の生態系の再現のために注目を浴びている。

かつてモーリシャス島には固有のゾウガメが二種おり、ファン・ネック艦隊の航海記でも、ドードーとともにゾウガメの絵が描かれていた。しかし、いずれの種も一七世紀中に絶滅した。二種というのは、ドーム型の甲羅を持つタイプと、鞍のような甲羅で首を高いところまで伸ばすことができるタイプのことだ。(10)今、モーリシャスの生態系を再建するために、ゾウガメが果たしていた、いわゆるグ

図3-14　もう一つの自然公園「エボニーの森」．ドードーはこういう森にもいたとされる

レイザー(地面近くの草を食べる生き物)の役割を担う代替として(つまり「代用ゾウガメ」として!)、アルダブラゾウガメが注目されており、ラ・ヴァニール自然公園はモーリシャス島での繁殖センターとして機能しているのである。[11]

園内を散策すると、柵なしで放し飼いされているアルダブラゾウガメはあちこちで人気者になっていた。原産地では絶滅危惧種(危急種)なので、これはなかなか得難い体験だった。

なお、これらのゾウガメたちが、いつどういう由来でやってきたのか、興味深いエピソードがある。一八七四年、チャールズ・ダーウィン、アルフレッド・ニュートン、リチャード・オーウェンを含むイギリスの著名な学者たちが、ゾウガメたちの生息地のアルダブラ環礁が地形的も不安定で、船乗りからの捕獲圧にもさらされているため、一部を他の土地に移して繁殖させるべきだと訴えた。当時のモーリシャスはイギリス領であり、

アルダブラ環礁に近く、さらにはかつて近縁のゾウガメがいたこともあって、新たな繁殖の場として白羽の矢が立ったという。この自然公園にいるゾウガメたちは、その末裔だ。飼育下繁殖や、野生への導入は、種の保存の現代的なテーマだが、それが一九世紀に唱えられ、実行に移されていたのである。

この件は、「絶滅」という現象をめぐる理解の深まりと、それに対する応答の変化という意味でも興味深い。一八四八年の著作で、ドードーとソリテアを「絶滅したハト類」だと確定したストリックランドは、「博物学者の責務は絶滅種や絶滅危惧種の知識を保存すること」だとした。わずか四半世紀のうちに、自然史博物館での標本や知識の保存だけではなく、生きた動物そのものを守る方向へと焦点が切り替わったように見える。さらにいえば、一八七八年にはモーリシャスにおいて世界初の包括的な鳥類保護法が制定されたわけで、その頃からモーリシャスには「実験場」の要素があった。

一七世紀、モーリシャスのシカ

結局、オリィ山の山腹を調べるチリュー調査隊と寝食を共にしたのは五日間で、最後の夜にはちょっとした晩餐会を開いてもらった。

鳥類の古生物学、解剖学の専門家を目指すクレセンスの学生たちと研究について語り合い、クレセンスは自ら管理している鳥類骨格標本の3Dデータベース Aves 3D の維持管理の難しさを語った。そして、ヒュームはこれまでの発掘で得たいくつかの興味深い標本について解説してくれた。

「次第にドードーに近づいている気はするんですよ。前にも、古い陸生貝を見つけましたが、肉食のカタツムリなどで二〇〇年以上前に絶滅したものがいくつも見られます。さらにこちらは絶滅したジャイアントスキンクやゾウガメ、そして、これはシカですね」

それぞれ骨片と呼ぶのが相応しい程度のものだ。それでも、モーリシャスの動物の骨を見慣れたプロの目には、即座に大雑把な種類が分かる。ジャイアントスキンクもゾウガメも一七世紀に絶滅しているから、ますますドードーに近いといえる。

では、シカはどうだろう？　もともとコウモリ以外の哺乳類がいなかった島だからシカは外来種だ。

「今いるシカは、一六三九年にオランダ人がジャワ島から連れて来たルサジカが起源です。最初は囲みの中で飼われていましたが、三年後のサイクロンで柵が壊れて島中に広がったとされています」

ものすごく早い時期に導入されているため、一七世紀に絶滅した固有種と一緒に骨が出てきても不思議ではないのだという。

ふと思い当たった。インドネシアのルサジカは、一六四七年に日本に来た「白いシカ」の候補としても最有力だ。オランダ東インド会社は、当時、インドネシアかその周辺地域のシカを日本にもモーリシャス島にももたらしていたわけで、符合めいたものを感じざるを得ない。

以上のようなことを考えると、今にもドードーの骨が出ても不思議はないと思えてきた。もしドードーが見つかったらすぐに教えてもらう約束をして、翌朝早く、次の目的地、ロドリゲス島に向かう。

3　サンゴ平原の孤独鳥——ロドリゲス島にて

サンゴ平原の大洞窟

見渡すかぎりのゾウガメ、である。

よくもまあこれだけの数がいるなと思うほど、そこかしこにいる。かのチャールズ・ダーウィンらが生息地のアルダブラ環礁での絶滅を心配し、一部他の土地に移して繁殖させるように訴えた結果、今、モーリシャス島とロドリゲス島に飼育下繁殖群が維持されているという（図3-15）。
ここロドリゲス島では、島の南西部のティエル渓谷において、ほぼ放し飼いの半野生状態だ。人を恐れることはなく、好奇心旺盛。向こうから近づいてきて靴にかじりついてくることもある。なんという景観で、なんという経験なんだろう。じわっと感動していると、目の前をものすごい勢いで島が走っていった。

ソリテア？　かつてこの島にいたドードー類の姿を重ね見たものの、そんなことがあるはずはない。そいつは、ただのニワトリだった。

いや、本来ならここにニワトリもいるはずがないと思い直す。アジアから連れて来られた家禽が島中に広がっており、半野生化しているものも多いという。

ゾウガメと家禽。絶滅を危惧される環礁の野生動物と、遠いアジアで人間が作り出した品種。しかし、ここではともに導入種で、かつての主たちがいなくなった渓谷を、今はわがものにしている。ふわふわとした夢の中にいる気分になる。ここは「夢の池」ではなく、夢の渓谷だ。

とはいえ、ゾウガメを見るためにこの渓谷に来たわけではない。もともとの目的は、この細い谷の最奥部の断崖に、ぽっかり口を開けた鍾乳洞なのである。

強すぎる日差しにくらくらしつつも、ゾウガメの間をぬって、目指す領域へと足を進める。

ロドリゲス島は火山島だが、マスカリン諸島の主要三島の中で最も侵食が進んでいる。面積は一〇〇平方キロメートルあまりで、モーリシャス島の二〇分の一ほどにすぎない。大部分は火山岩の山体でできているものの、長い時間のうちに海水面が上下したことから、島の南西部にはサンゴ礁由

図3-15　かつて大きな鍾乳洞が崩落してできたティエル渓谷(上. 図3-23のヒュームの絵と近い場所から見下ろしている)と，渓谷を歩くアルダブラゾウガメ(下)

来の石灰岩質の「サンゴ平原(Plaine Corail)」がある。その点が、モーリシャス島との大きな違いだ。

石灰岩地帯にはやがて地下水の侵食で鍾乳洞ができ、さらにその洞窟が崩落して谷になった地形もできた。最大のものがティエル渓谷で、まるまるフランソワ・ルガ自然保護区となっている。

最奥部の洞窟は、大洞窟(グランド・カベルヌ Grande Caverne)と呼ばれていた。開口部は大きかったが、足を踏み入れてほんの一〇メートルも奥に進めば、光に満ちた猛暑の外界とは隔絶される。巨大な鍾乳石が天井から垂れ下がっており、その下に石筍《せきじゅん》が成長していた。前を歩くガイドが、「ここですよ」と少し先の地面を指差した。そのあたりは人工的に掘り起こされた形跡があり、少し窪んでいた(図3-16)。

「一八七四年、金星の太陽面通過の時に送り込まれてきた調査隊が発掘した跡です。この洞窟だけで二〇〇〇個以上ものソリテアの骨が見つかったんですよ」

金星の太陽面通過の観測は、知る人ぞ知る科学史上の一大トピックだ。一九世紀に二度、一八七四年と一八八二年にその天体イベントがあり、世界的な協力態勢で科学観測が行われた。地球上のあちこちに観測隊を送り、それぞれの観測値を持ち寄って、地球と太陽の間の距離、つまり「一天文単位」を定める大目標があった。モーリシャス島を訪れたイギリス隊には地質学者や動物学者も含まれていて、ロドリゲス島も訪ねて多くの動物骨を持ち帰った。

その発掘跡が周囲よりも窪んでいるといっても、せいぜい一メートルくらいだ。ものすごい密度でここに亜化石が堆積していたということなのだろう。なぜ洞窟内にこれほどの動物骨が集まったかというと、サイクロンの荒天などの非常時に逃げ込んで外に出られなくなったり、地表(天井)にある裂け目から落ちてまさに降り積もったり、様々な理由が考えられるという。時間的なスケールとしては、古いものは数万年前にさかのぼる。ドードーの骨が二〇〇〜三〇〇年しかもたないモーリシャス島の溶岩洞窟と違い、石灰岩の洞窟では骨が残りやすいということも「有利」な点だ。すでに発掘が終わった窪みにも、目を凝らすとまだ残骸のような骨片が残っているような気もした。

図 3-16　大洞窟の中で多くの亜化石が発掘された窪み．奥に入口の光が見える

大洞窟はその後、屈曲しつつ何百メートルか続いており、最後には設置されている上り階段で洞窟の上の地表に出た。冥界めぐりからふたたび日の差す世界へ。そして、またゾウガメたちの間をぬいながら自然公園の入口へと歩いて戻るのだった。

闘争用のこん棒を持った鳥

はじめてソリテアの標本を見たのは、ロンドン自然史博物館にヒュームを訪ねた時だった。

あるキャビネットを開くと、先っぽが膨らんだ特殊な骨があった。ラベルには、“*Pezophaps solitaria* Tracking of Venus expedition 1874”とあった。まさに一八七四年の金星の太陽面通過の観測の時に発掘されたものだ（図3-17）。

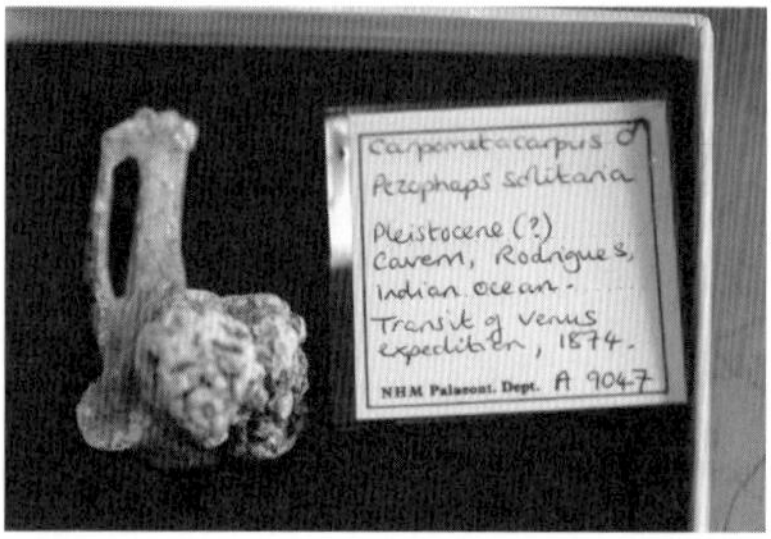

図3-17　ロンドン自然史博物館のソリテアの「マスケットボール」．1874年の金星の太陽面通過観測の際に採集

「ソリテア？」と聞くと、ヒュームは「その通り」と実に嬉しそうに言った。

すぐに見分けられたのは、その手根中手骨《しゅこんちゅうしゅこつ》、つまり翼の一部をなす骨に丸いゴツゴツしたボールのような膨らみがあるからだ。それは「マスケットボール」（古いマスケット銃用の球状の弾丸）とも呼ばれ、ロドリゲス島のドードー類、ソリテアの様々な習性に密接に関係するものとされている。

ソリテアはドードーに近いサイズだが、やや背が高く、少し重かったかもしれないとされる。[12] 長い間、唯一の文書記録は、一六八九年にフランソワ・ルガが、フランスでの迫害から逃れたユグノーの一員としてロドリゲス島で二年間を過ごした際に観察したものだった。[13] その後、一七七八年頃までにソリテアは絶滅し、生きた状態でヨーロッパにもたらされた記録もなかった。だから、一時、その存在自体が想像の産物であるという解釈もあった。しかし、一七八六年に洞窟から亜化石が発見され、また別の観察者の記録(14)も発見されたことから、ルガの記述の信憑性が高まった。ルガによると、ソリテアはこんな鳥だ。

島に生息するすべての鳥のうち、最も注目に値するのは、孤独鳥《ソリテール》と名づけられた鳥である。多数いるにもかかわらず、群れで見かけることはめったにないために、この名前が付けられた。

雄の羽毛は通常、灰色がかった色と褐色が混じる。足もくちばしも七面鳥に似ているが、くちばしは七面鳥のそれよりも少し鉤状に反っている。尾はほとんどなく、羽毛に覆われた尻は馬の尻のように丸まっている。七面鳥よりも背丈が高い。首はまっすぐで、背丈に比例して、七面鳥が頭を上げたときよりも少し長い。目は黒く生き生きとして、頭には鶏冠《とさか》も冠毛もない。飛ぶことはまったくない、体の重みを支えるには、翼が小さすぎるのだ。翼はもっぱら、喧嘩をするときに使うか、あるいは互いに呼び合いたいときにくるくる回すくらいである。四、五分の間に、同じ向きにすばやく二、三十回転する。そのとき翼の運動が、がらがらにきわめて近い乾いた音を出す。それは二百歩以上離れた地点からも聞こえる。翼の先端部の骨は太くなっており、羽毛の下でマスケット銃の弾のような小さな塊を形成している。これとくちばしが、この鳥にとって主な防御手段になる。

(フランソワ・ルガ、ベルナルダン・ド・サン゠ピエール
『インド洋への航海と冒険/フランス島への旅』中地義和・小井戸光彦訳、岩波書店、二〇〇二年)

図3-18　フランソワ・ルガの著作に描かれたソリテア

これだけでもソリテアが独特のルックスと、興味深い生活スタイルを持っていたことが分かるだろう。ルガの筆致は表現力に富んでおり、読んでいて楽しい。同じ場所でぐるぐる回転するというのは、「堂々めぐり／コーカスレース」ならぬ「ソリテア回転」と名付けたいほどだ。

この後、ルガは、引用した部分の三倍ほどの紙幅をさらに使ってソリテアについて記述しており、その中から注目すべき点をかいつまむ。

まず、メスがすばらしく美しいという。体色は、ブロンドや褐色で、クチバシの上部にヘアバンドのような飾りがある。素嚢の上(胸と首の間くらいの位置)に二つの隆起があり、その一部が白くなっている。人を恐れないくせに、捕獲しても馴れない。「鳴き声を立てずに涙を流し、どんな餌も頑として拒む。そしてついには死んでしまう」のだそうだ。哀感を誘う。

雌雄が巣作りと抱卵と子育てに参加し、孵化までに七週間かかる。子育ての期間は巣から二〇〇メートル以内に他のソリテアを近づけない。他の者が近付いてくると、その侵入者がオスの場合はオスが、メスの場合はメスがそれぞれ追い払う。その様子がまた独特だ。「雄は他の雌を見かけると、ただ旋回しながらいつもの音を立てて自分の相方を呼ぶ。まもなく相手の雌が来て、よそ者を追いかけ、それが自分の領域外に出るまで追跡を止めない。雌も同じようにふるまい、よそ者の雄を自分の相方

図3-19　小さな翼の「マスケットボール」を使って闘争するソリテア．Julian Hume 2013

に命じて追い払わせる」というのである。雌雄の絆は強く、子育てを終えても一緒に行動する。ルガは著作にソリテアのイラストを添えている。"LE SOLITAIRE"と題されたその絵は、先に挙げたような特徴を表しており、ユーモラスというよりは愛らしい（図3-18）。ドードーよりもはるかにスマートで、首も長く、優美だ。もしもこれがカラーだったらどうなるだろうかと思うのだが、残念ながらソリテアの実物を見て彩色された絵は知られていない。

こういったソリテアの特殊さはどれくらい本当らしいのか。ヒュームは二〇一三年の研究で検証している。「ファイトクラブ（闘争用のこん棒）――ロドリゲス島の飛べない鳥、ソリテアの翼のユニークな武器」と訳せるタイトルの論文だ。(15)

まず「マスケットボール」の部分の骨を切って内部構造を確認し、病的なものではないと結論づけた。また、多くの個体の翼の骨に骨折して治癒した形跡があることから、闘争がよくあったことと、それが死に至るものではなかったことも結論した。ドードーにも傷を負って回復した骨は見つかるが、数千点のうち一点とははるかに頻度が低く、両者には行動面に違いがあったと考えられる。竜骨突起などから推定される胸部の筋肉量も、ソリテアの方がドードーよりも多く、翼を闘争に使った可能性を支持する。ヒュームは論文に合わせて闘争シーンを描いているのでぜひ見てほしい（図3-19）。

もう一つ、翼を使って「がらがら」のような低い音を出せたという記述についても、ヒュームは十分にありえたとする。翼を使った音声《ボーカル》コミュニケーションというのは、他の鳥類でも報告されているものの、それは羽ばたき音を使ったものや、鳴き声と組み合わせたものだ。翼と「マスケットボール」を使うというのは、やはりとても珍しく、興味を惹かれる特徴だ。(16)

ロンドン自然史博物館では、ドードーとソリテアの頭骨を並べて観察させてもらった。ソリテアの方が少し大柄な鳥なのに、頭骨に関してはドードーよりかなり小ぶりで華奢だ。ドードーは頭頂部が丸いのに対して、ソリテアは平らどころか、ちょっと窪んでいる部分がある。同じドードー類とはいえ、かなり独自の進化をしたものだと、これだけ見てもはっきり分かる(図3-20)。

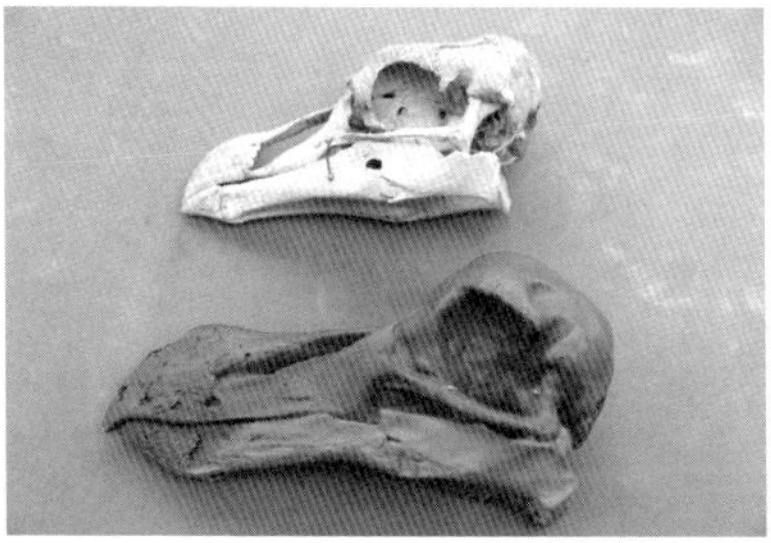
図3-20　ソリテア(上)とドードー(下)の頭骨

新たな発見

ロドリゲス島では、フランソワ・ルガ自然保護区のマネジャー兼学芸員アウヘル・アンドレ(Aurele André)が、最近のソリテア発掘について教えてくれた。

「二一世紀になっても新しい亜化石が見つかっています。きっかけは一九世紀の発掘者たちが見逃していた洞窟が新たにいくつも発見されたことです。二〇〇五年に発見された洞窟では、洞窟の一番奥の小部屋のようになったところで、ソリテアがフローストーン(流れ石)に埋もれていました。これはこれまでのソリテアの何千個もの亜化石の中で、はじめて発掘時の状況をきちんと写真に撮ったり記録に残せたものです」(図3-21)

ちなみにその発見者は、我らがジュリアン・ヒュームだ。ヒュームは、ロドリゲス島での発掘にもかなりの時間を費やしてきた。

アンドレは、ビニールの小分け標本袋のままテーブルの上に並べてくれた。そして、発掘時に撮影された写真を横に添えた。

まず写真では、石筍がいくつか文字通り筍のように生成している隙間に、流水で成長するいわゆる「流れ石」の床があり、骨がまとまって横たわっていた。手前に脛骨や大腿骨など下半身があり、そこから上腕骨、脛骨などがぱらぱらと並んだ後で、一番遠くに頭骨とクチバシの一部などが見えた。洞窟に迷い込んで出口も分からずぐったりして、そのまま息絶えたというふうな印象だ。

一方、標本袋の中にある骨には〝wishbone(叉骨《さこつ》)〟と〝10th vertebrae(第一〇椎骨《ついこつ》)〟とラベルされていた。細かく繊細なものがしっかり残されていることに感動させられる。頭骨や大腿骨などの大きなものは展示中で収蔵庫にはないと聞いた(図3-22右)。さらに二〇〇六年に発掘された、未報告の標本もあり、これは頭骨、クチバシ、上腕骨、大腿骨などがきれいに揃っていた(図3-22左)。

「ソリテアは私たちにとって大切な鳥なんですよ」とアンドレは目を細めて言った。「私はロドリゲス生まれなんですが、私の子どもの頃は、みな学校でモーリシャスの歴史ばかり習っていたんです。

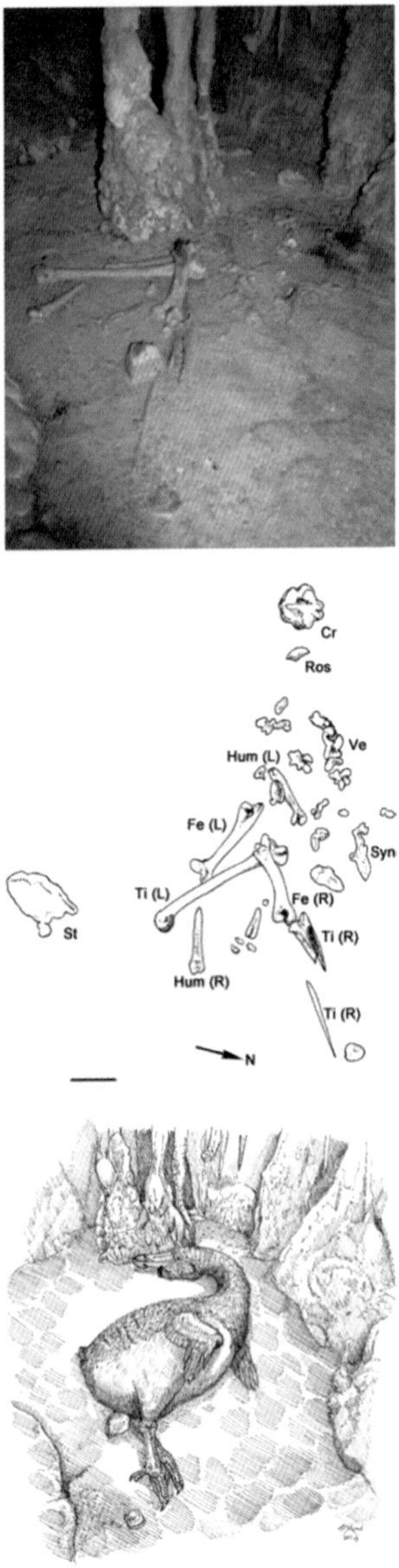

図3-21　2005年に発見されたソリテアの産状と復元図. Hume et al. 2014

図3-22　2005年発見された叉骨と第10椎骨標本(右)と2006年に発見された標本(左)

教材もモーリシャスで作られるものでした。それで、子どもたちはドードーのことは知っているのにソリテアは知らなかったんです」。

今では、小学生はモーリシャスの歴史を学ぶ前にロドリゲス島の歴史を学んで、ドードーを知る前にソリテアを知る。そして、優美でおかしなこの島のことを愛するようになる。それは自然なことだと思うのだが、そういうふうになったのはつい最近だという。地域のアイデンティティと絶滅動物という議論の軸がここに見えている。

「この自然保護区では、アルダブラゾウガメを繁殖させたり、洞窟のツアーをやったりしてますが、島の子どもたちが島の元々の自然を知るためのものでもあるんですよ」

アンドレは笑顔でいい、「博物館も見ていってくださいね」と付け加えた。それは、地元の人たちに地元にいた生き物について伝える施設でもあるから、と。

絶滅の島と黄金バット

アンドレが館長を務める併設の博物館の入口には、優美なソリテアの絵が描かれていた。何度も繰り返すようだが、ドードーと違い、ソリテアの復元画は常に美しい。

館内の展示にはヒュームが描いた復元画が多用され、とりわけ、一七世紀、人が入ってくる前のティエル渓谷を描いたものが大きく扱われていた。それはまさに往時を想像できるものだ(図3–23)。まず、なにはともあれソリテア。「間抜け」ではなく「優美」に描かれているわけだが、それでもやはり奇妙な鳥だ。ヒュームの復元画には、近景にはすっと立った優美で精悍な後ろ姿、遠景にはなわばりに侵入してきた相手をぐるぐる追いかける「ソリテア回転」の様子や、「マスケットボール」を使って闘争する様子が小さく描かれている。優美、かつ面白い鳥だったのだと印象付けられる。

さらに、ゾウガメだ。ロドリゲス島にもゾウガメが二種おり、ソリテアと並んで島の生態系の鍵となる存在だった。復元画では、甲羅がドーム状になったタイプ(*Cylindraspis peltastes*)は地面に近い草を食べるグレイザー、甲羅が鞍状になったタイプ(*Cylindraspis vosmaeri*)は首が届く範囲の葉を食べるブラウザーとして描かれていた。

ドードーのかわりにソリテアがいて、二種のゾウガメもやはりいるとなると、他の生き物たちも類似したものが多いのではないかと推察される。

実際にその通りで、ソリテアに次ぐ大きさの地上性の鳥としては、ロドリゲスクイナ(*Erythromachus leguati*)がいた。モーリシャスクイナは"red rail"という英名だが、こちらは"Leguat's blue rail"、つまり「ルガの青クイナ」と呼ばれ、体色が青っぽい。

復元画ではさらに、ロドリゲスフクロウ(*Otus murivorus*)が木の上からこちらを見つめており、ロドリゲスルリバト(*Alectroenas payandeei*)が別の樹上にとまっている。オウム類では、ロドリゲスダルマインコ(*Psittacula exsul*)とロドリゲスオウム(*Necropsittacus rodricanus*)が空を飛んでいた。

ここまでに言及したものは、すべてが絶滅種だ。国際自然保護連合(IUCN)が採用している推定の絶滅年をいうなら、ソリテアは一七七八年より前、二種のゾウガメは一八〇〇年頃、ロドリゲスクイナは一八世紀中頃、ロドリゲスフクロウは一八世紀中頃、ロドリゲスルリバトは不詳、ロドリゲスダルマインコは一八七五年頃、ロドリゲスオウムは一七六一年頃に、それぞれ絶滅している。恐ろしいほどの絶滅劇がここでも起きたことが分かる。モーリシャス島と比べても、その度合は激しい。

復元画で描かれた中では、ロドリゲスオオコウモリ(*Pteropus rodricensis*)だけが別だった。現在、世界で最も絶滅の危機に瀕した動物の一種に挙げられつつも、かろうじて命脈を保っている。

夕方、宿へ向かう途中、ロドリゲスオオコウモリが夜空を飛び交うのを見た。宿の主人にそのことを話したら、オオコウモリが昼間ねぐらにしている森を教えてくれたので、翌日の早朝、訪ねた。

ゴールデンバット(黄金バット!)という異名があるように、朝日を浴びてきらきら輝く体毛が印象的だった。大きな翼を広げてゆったりと飛ぶ時、皮膜の内側に張られた長い指の骨がよく見え、進化の不思議を強く印象付けられる。幼獣もかなりいて、おしくらまんじゅうするみたいに寄り添い合ったかと思うと、互いにつっつきあったりして遊んでいるように見えた。つまり……生き物としての活力に満ちていた(図3-24)。

絶滅動物ばかりを追いかけてきた旅の中で、この森の賑わいは心温まるものだった。でも、やはりそこにいたはずのソリテアやゾウガメの気配を、どこかで感じ取ろうとしては、その不在の大きさを認めざるをえないのだ。

図 3-23　往時のティエル渓谷(遠景の「ソリテア回転」「闘争」は小さすぎて確認しにくい).
Julian Hume 2007

図 3-26　ニシキヒルヤモリ

図 3-24　ねぐらで体を寄せ合うロドリゲスオオコウモリ

図 3-25　モモイロバト

4　螺旋の一周期

エグレット島へ

ロドリゲス島から早朝便でモーリシャス島に戻り、その日の夜には、日本に帰るフライトの経由地イスタンブールに向かう。ロドリゲス島ではほとんどネットにつなげなかったため、ここであらためて発掘調査中のヒュームと連絡を取った。「まだドードーの骨に行き当たっていない」とのことだった。

そこで、フライトまでの半日を、空港からほど近いマエブール湾内に浮かぶ小島、エグレット島（Ile aux Aigrettes.「白鷺《しらさぎ》の島」という意味）で過ごすことにした。これは一九九三年に近藤典生が滞在の最終日に訪ねた島でもある。

エグレット島は、モーリシャスの低地林を再建し、絶滅が心配される生き物を繁殖させる実験的な保護区だ。地元環境NGO「モーリシャス野生生物基金」が管理している。小さなボートに乗って五分の船旅で島に上陸すると、埠頭近くにある教育センターで、まずは島の概要の説明を受けた。面積はわずか二七ヘクタール、本島からの距離は八五〇メートル。一度は、本島と同じく木々を伐採されてしまったのだが、一九六五年に自然保護区に設定されて以来、外来種の駆除や森林再生などが行われ、かなりのところモーリシャス島の海岸近くの森林を復元できているとか。

島中に張りめぐらされた散策路を歩きはじめると、すぐにモモイロバトに出会った。マール・オゥ・ソンジュの出土リストにもあった種で、本島では森林伐採で生活環境を失い、カニクイザルに卵を食べられたりもして、一九七〇年代には二〇羽にまで減ってしまった。そこでこちらの島に導入して、繁殖の場としている。

独特のつややかなピンク色で、絹のような滑らかさと、木綿の柔らかさをあわせもったような質感がある。目の周りの皮膚の裸出部が真っ赤でアクセントになっている。モーリシャスで「絶滅しなかった」鳥としては、体の大きさといい、優美さといい、女王の風格だ(図3-25)。

モーリシャスベニノジコ(*Foudia rubra*)はフレンドリーな小鳥だ。ぼくたちのまわりをぐるぐる回っては、遠ざかる。一方で、モーリシャスオリーブメジロ(*Zosterops chloronothos*)は、とても用心深く、なかなか見ることができない。餌場の近くで待ち続けて、なんとか遭遇できた。本島では二〇〇二年の調べで一二〇ペアしかいなかったそうで、ここの個体群も非常に重要だ。

主だった鳥は以上だが、それ以外にも「マール・オゥ・ソンジュの生き物」がいる。

ニシキヒルヤモリ(*Phelsuma ornata*)は、和名の「ニシキ」の通りつややかな絹の錦織のような体色だ(図3-26)。鳥の捕食のターゲットにならなかったのだろうかと心配になるが現に生き延びている。昆虫を食べるだけでなく、花の蜜を吸うという。ロンドスキンク(*Leiolopisma telfairii*)は、非常に大柄なトカゲだ。モーリシャス島の北方二〇キロくらいのところにあるロンド島の原産で、かつて本当にいたもっと大きなジャイアントスキンクの代替種として導入された。

小さな島は、本島ではまったくお目にかかれないような生き物たち、絶滅に瀕した固有種やその代替種で溢れかえっているのだった。

生き物の賑わいを取り戻すパイロット計画

当然のように、ゾウガメがいる。これまでモーリシャス島のラ・ヴァニール自然公園でも、ロドリゲス島のフランソワ・ルガ自然保護区でも見てきたアルダブラゾウガメだ。ドードーと同じ時代を生き延びてきたモモイロバトやニシキヒルヤモリとは違い、遠い環礁からやってきた。そして、固有のゾウガメがいなくなってしまった空白を埋めようとしている。

代替種という意味では、さきほど触れたロンドスキンクと同じだが、その役割はずっと大きい。ゾウガメが下生えを食べるから、この森では地面まで光が届く。さらに、地面に落ちた果実を食べて種の散布にも貢献する。つまり、この森の景観、環境を大きく左右する立場にある。

ある動物がいなくなったからといって、似た動物を連れて来て放していいのかと疑問に思う人は多いだろう。しかし、島のガイドはこんなふうに語った。

「ここでその実験をしていると考えてください。ゾウガメは囲い込むのが簡単で、外に逃げる心配がありません。それに、モーリシャスに来たアルダブラゾウガメは、一九世紀に連れて来られたものなので、少なくとも感染症などを新たに持ち込む心配がなく、放し飼いにしてもちゃんと生きられることが分かっています。動物福祉上の観点からも有利です」

生態系の再建のために導入する代替種として、アルダブラゾウガメは先進事例だ。モーリシャスのようにもともとゾウガメがいたけれど絶滅してしまったところでは、地元の植物はゾウガメの採食圧に対する耐性があり（ある樹木はゾウガメが首を伸ばして届く範囲に葉をつけず、その上にリソースを集中するな

図3-27　絶滅したゾウガメのブロンズ像

ど）、近縁種のゾウガメなら外来植物を選択的に食べてくれるメリットもある。[17] アルダブラゾウガメが「代用ゾウガメ」として機能しうるか、そもそも代替種による生態系再建が現実的なものなのか、長期的に見極めるパイロット計画としてエグレット島は注目されているという。[18]

アルダブラゾウガメたちとしばし過ごした後で、森の奥へと足を向けた。ほんの少し進んだところで、思わず立ち止まった。いるはずのないものが目の前にいたからだ。

固有種のゾウガメだ。

アルダブラゾウガメは甲羅がドーム状のタイプだが、甲羅が鞍状になったタイプのゾウガメが首を伸ばして、背の低い木の葉を食べていた。絶滅したはずの鞍型のゾウガメにちがいない！

もちろん、そんなことがあるはずがない。

よくよく見れば、それは林床に設置されたブロンズ像だった（図3-27）。

でも、見間違えたのも仕方ないと思えた。ゾウガメはもともと動きがスローだし、逆光の中でシルエットを見ただけでは本物と像の区別がつかない。目がだまされて本当にそこにいると認識したのは、ほんの一秒か二秒だと思う。しかし、像だと納得した後も、いったん跳ね上がった心拍はなかなか元通りにならなかった。

ドードーと記憶の方舟

エグレット島の森には絶滅動物たちの等身大ブロンズ像があちこちに立てられている。最初に見つけたゾウガメは大きくて目立つが、他にも絶滅種のジャイアントスキンクがおり、モーリシャスフクロウもこっそりとこっちを見ていた。立派なクチバシを持ったハシビロオウムも別のところにいたし、地上を探索するモーリシャスクイナもいた。

つまり、ここは生態系再建の実験場というだけでなく、かつてこの島にいたはずの生き物たちを今も思い起こすよすがとなる記憶の方舟でもあるのだ。

だから、当然ながら、本書の中でぼくが読者を巻き込んでぐるぐる回り続けてきた堂々めぐりの中心点、つまり、ドードーもここにいる。曲がりくねった散策路が急に開けて、森の中の広場に出たところで、そいつはいきなり目の中に飛び込んできた。

躍動感あふれる姿だ。前に出した右脚に体重をかけて、左脚は地面をちょうど蹴ったところ。顔の側面をこちらに見せ、いわば「半顔」で睨みをきかせたまま、突っ込んでくる体勢になっている。大きく開かれたクチバシは力強く、噛みつかれたらただでは済みそうにない(図3–28)。

図3-28　ドードーのブロンズ像

本当に生き生きと再現されていて、微笑まざるをえない。かつてサフェリーが描き、『不思議の国のアリス』の挿絵画家テニエルが踏襲したような、でっぷりした、高慢な雰囲気すらする、コミカルな島はここにはいない。むしろ身軽かつ堂々とした動きで周囲を睥睨している。

ぼくはその勇猛たる顔つきを見て、ふっと力が抜け、その隣に座り込んだ。

考えてみればこの生態系再建の島において、ドードーはその代替種もおらず、ブロンズ像で存在を示すのみである。唯一の近縁であるソリテアも絶滅したわけだし、ハト類の近縁だからといってアジア、ニコバル諸島のミノバトや南太平洋、サモア諸島のオオハシバトを連れて来ても、生活スタイルがまったく違う。ミノバトはもちろん、オオハシバトも飛べるのである。

結局、ドードーは記憶の方舟の乗客であり、その代わりはいない。

二一世紀のモーリシャス島がかつての生き物の賑わ

いを別の生き物で取り戻すことができたとしても、ドードーは取り戻せない大きな欠落だ。

その一方で、モーリシャスに来てから、自分自身の中でドードーが小さくなっていることにも気づいている。堂々めぐりをしながらも近づいているつもりが、近づけば近づくほど見えてくる巨大な背景の中で、むしろドードーは相対的に小さくなってしまった。

それではドードーは重要でなくなったのかというと、決してそうではない。欠落している状態のまま むしろ重みを増している。

ドードーについて知るということは、生き物たちがつくる生命のつながりの網《ネットワーク》を、ドードーという超弩級の重しをつけて、まるごと投げつけられ、受け止めるということだ。

それだけではない。ドードーは様々な想像と心象を貼り付けられたイメージのモンスターでもあって、虚実が判然としない歴史の絡まりの中、一九世紀以来の科学的な探究から、なんとか「実像」を手繰り寄せられつつもある複雑な存在だ。こんがらがった網目を解きほぐしながら理解していくことが、「出島ドードー」から出発した本書の道行きだった。

そして今、何年にもわたってぼくが夢中になってきた、ドードーをめぐる堂々めぐりの螺旋の一周が、ようやく終わろうとしていると自覚する。

螺旋は決して閉じない。遠からず新たな周回へとつながっていく。しかし、今は少しばかりの間、旅の中でぼくを魅了してきたものを一つひとつ頭の中に呼び返す。

ドードーの像《イコン》の隣に腰掛けて、樹冠の方を見上げてから目を閉じてみる。遠くから聞こえてくるかもしれないかつての賑わいを、風と波の音の中からなんとか聞き分けようと、耳をそばだてる。

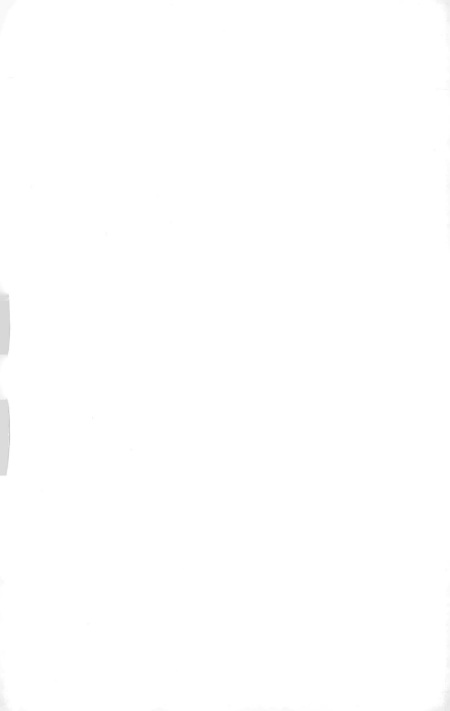

終章 堂々めぐりの終わり

風鳥同比翼鳥、そして大頭鳥嘴

埼玉県川越市にある三芳野《みよしの》神社の縁起は、平安時代のはじめ、八〇七(大同二)年にさかのぼる。一四五七(長禄元)年、太田道灌《どうかん》によって川越城が築かれた後は城内の鎮守となり、現存する社殿は徳川家光の命によって一六二四(寛永元)年に建設された。童謡「通りゃんせ」発祥の地ともされる。

その三芳野神社の社宝に、「大頭鳥嘴」(東南アジア産のサイチョウのクチバシ)、「風鳥同比翼鳥」(東南アジア産のフウチョウの羽毛、クチバシ、脚)といった「鳥類標本」があり、それらの箱書きには、江戸幕府の老中として活躍した「知恵伊豆」こと松平信綱が、一六五八(万治元)年、奉納したものだと記されている。元々の入手先ははっきりしないが、一六三九(寛永一六)年、信綱が島原の乱を鎮圧した際、現地で手に入れたのではないかとの説もある。

松平信綱は、本書の第一章で登場した松山の松平定行、福岡の黒田忠之、大目付井上政重の同時代人だ。特に、井上政重とは結びつきが強く、島原の乱において、信綱は政重を相談役とした。また、信綱の妻は、政重の姪だった。さらに、オランダ商館長フルステーヘンやコイエットの日記にも登場する。ドードー来日の前年、一六四六年の江戸城内の描写では、「鸚鵡《オウム》たち」の近くにいた三人の老

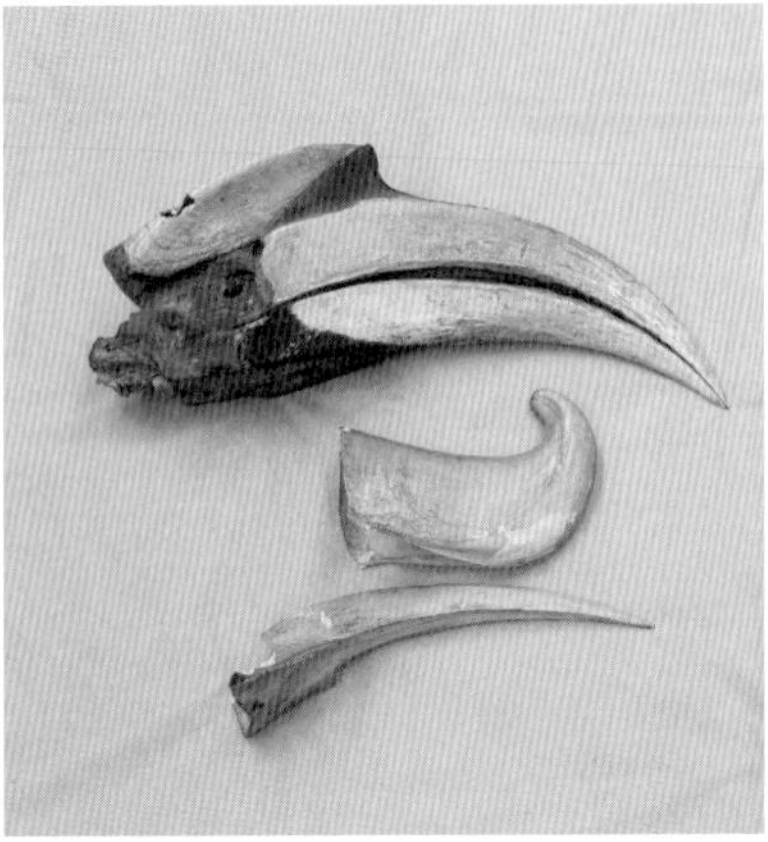

図4-1　「大頭鳥嘴」．協力：川越氷川神社・三芳野神社・川越市立博物館

中の一人として言及されていた。

こういったことを知ったのは、本書の第一稿を書き上げた二〇二一年に入ってからだ。(1) 江戸時代に生きていた鳥類の骨が今に伝えられているとは！　と驚き、ドードーの骨を発見したというわけではないけれど、非常にずっしりとした手応えを感じた。有力大名が、珍しい生き物を入手し、その遺物を大切に保管して神社に奉納する。そして、神社の側はそれを社宝として、二一世紀の現代に伝える。一七世紀から今に至る我々の社会の営みの中で、そのようなことが現実に起きたという事実にまずは感じ入った。

現在、「標本」を保管している川越市立博物館で実物を見せてもらったところ、さらに衝撃に打たれた。「大頭鳥嘴」とは、サイチョウのクチバシだと思いきや、むしろ、サイチョウ類の特徴である大きな角飾りを含めた頭部全体だったのである。(2) 湾曲したクチバシの先から後頭部まで差し渡し三〇センチほど。乾燥した皮膚まで残されており、その保存状態に息を呑んだ（図4-1）。

強く連想したのは、ドードーのオックスフォード標本だ。一七世紀の生体由来で、皮膚を保ったまま今に伝えられているのだから。三芳野神社のサイチョウの場合、皮膚だけでなく気管や食道まで乾いて形を留めており、その点では「オックスフォード・ドードー」を上回る保存状態ともいえた。

サイチョウはたしかに見栄えのする鳥だ。有力大名に愛でられたのもよく分かる。しかし、それならばドードーにも大きな存在感があったことは間違いない。「出島ドードー」がどこで死んだにせよ、その後、残しておこうと思う人がいた可能性はかなりあるのではないか、と思いを新たにした。そして、もしも、そんなドードーの遺物がこれからの世でひょっこり見つかったとしたら……その時は、以前にも増して重みを帯びた「出島ドードー」が、野鳥としての側面はもちろんのこと、歴史や物語や想像や妄想や科学やその他多くのものを網目の中に絡ませたまま、大いなる驚異《ワンダー》とともに我々に投げかけられることになるだろう。

それは単純にわくわくさせられることだけではないにしても、基本的に豊かなことだと思うのだ。

本書は歴史や物語の中のドードー（第一章と第二章）が、生息地であるモーリシャス島を訪ねることで、野生動物として生き物の賑わいの中に見えてくる過程を描いた（第三章）。その堂々めぐりを一周した後で、あらためて、歴史と物語の中のドードーを俯瞰して振り返っておきたい。

一七世紀とドードー――発見と旅

モーリシャス島は、ある程度の大きさを持つにもかかわらず人が定住していなかった熱帯の島としては、地球上で最後に見出されたものの一つだ。一五九八年にオランダ艦隊が到来したことで人の世に広く知られるようになり、と同時に島の動物たちは絶滅への坂道を転げ落ちることになる。

オランダにドードーがもたらされると、プラハの驚異王ルドルフ二世がいち早く入手。宮廷画家が描いた太ったドードー画は、その後のイメージを決定づける。一方、インドでも、皇帝ジャハーンギールの宮廷画家がドードーを描き、野鳥としての手がかりを今に伝える。イギリスでは由来不明のドードーが民間の「驚異の部屋」に収められ、のちにオックスフォード標本となる。一六四七年、日本に生きたドードーがもたらされた時、福岡藩の本草学者、貝原益軒が、ドードーの記述者となる可能性がわずかにあったが、残念なことに記録はない。野生のドードーの最後の目撃は一六六二年で、日本のドードーは、生きて島を出た最後の一羽だったかもしれない。

おりしも、一六八七年にアイザック・ニュートンが『自然哲学の数学的諸原理』(いわゆる『プリンキピア』)を出版し、欧州ではいわゆる「科学革命」が起きた時代である。日本では徳川綱吉が一連の生類憐みの令を発し(一六八五年以降)、渋川春海が貞享暦を作成し(一六八四年)、松尾芭蕉が『奥の細道』の旅に出た(一六八九年)。一六八八年からの元禄年間に向かう文化的な成熟がほの見える時期には、ドードーはすでに絶滅していた。

一八世紀とドードー――文化的記憶喪失と暗黒時代

一七一〇年にオランダはモーリシャスから撤退、一七一五年にフランスが占領する。フランス人は、オランダ人から一七世紀の歴史を引き継ぐことなく、ドードーや他の絶滅動物について「文化的な記憶喪失」に陥る。ドードーの実在性すら疑われた暗黒時代、自然史家のドードーの記述は混乱をきわめる。そんな中、スウェーデンのリンネは動植物の命名法を確立し、一七五八年の『自然の体系　第一〇版』で、ドードーをダチョウの仲間とした。世紀末、比較解剖学者キュビエが過去に消え去った動物がいると気づき、「絶滅」について説得力のある議論を展開した。

一七七六年、イギリスのワットが実用的な蒸気機関の開発に成功し、産業革命が加速する。同年、アメリカが独立宣言を発し、一七八九年にはフランス革命が勃発、近代の帳《とばり》が上がる。キリスト教的世界観と相容れない「絶滅」という現象が受け入れられたのも、それゆえだ。一方、日本の一八世紀はまるまる徳川時代である。八代将軍徳川吉宗が、ドードーも描かれた『動物図譜』に関心を示し、のちの蘭学の発展の基礎が置かれる。

一九世紀とドードー——ビッグバンと「死後の栄誉」

モーリシャスは、一八一四年から正式なイギリス領となる。

欧州では、一八四〇年にコペンハーゲンのラインハルトが、一八四七年にはプラハのコルダが、それぞれ失われていたドードーの標本を再発見する。一八四八年、オックスフォード大学のストリックランドらが「ドードーはハト類」と論証し、それと同時に「人間の力によって生物種が絶滅したことをはじめて明確に証明した例」とした。

一八六五年には、オックスフォード大学のドジソンが『不思議の国のアリス』にドードーを自らの分身として登場させ、同年、モーリシャス島から大量の亜化石がもたらされる。「アリス」のドードーと「科学」のドードーが共鳴して、新たな神話を形作る。そうと知られない間に絶滅して二世紀も経た後、ドードーは絶滅鳥の象徴となり、いわば、死後の栄誉を得る。

日本は、幕末から明治維新にかけての激動の時期だ。「出島ドードー」の当事者でもあった福岡藩主の子孫から、のちに日本鳥学会会長を務める「日本鳥学の父」黒田長礼が出て、日本のドードロジスト蜂須賀正氏を鳥類学にいざなう。

二〇世紀、二一世紀の我々とドードー

モーリシャス島の美容師が、一九〇〇年代のはじめ頃、火山の山腹からドードーの新たな標本を見出す。一羽に由来する唯一の全身標本は、多くの情報を与えてくれる。一九五三年、蜂須賀正氏が文字通り欧州を飛び回って集めた記録の集大成『ドードーと近縁の鳥』を出版、一時停滞したドードー研究の中興の祖となる。

『不思議の国のアリス』が世界中に翻訳され、またディズニーアニメが製作されたこともあって、ドードーはさらに存在感を高める。そんな中、日本でも「ドラえもん」のシリーズは、マンガでも映画でも繰り返しドードーを登場させ、おそらくはアジア圏での知名度を上げることに貢献する。

二〇世紀末、進化生物学研究所の創設者、近藤典生がモーリシャス島にて、かつての発掘地を再発見し、ドードーがいた生態系復元を目指すプロジェクトを掲げた。これが、二一世紀、ヒュームらの国際チームがドードーの発掘に取り組むきっかけを与える。ヒュームは世界のドードー研究の「ハブ」になり、一六四七年にドードーが日本に来ていたことを示す論文へとつながっていく。一方、モーリシャス島の生態系復元計画の中で、ドードーは決して埋められない欠落のままである……。

以上、本書で描いたドードーをめぐる時空の「網目」の様相を雑駁ではあるが素描してみた。ドードーという象徴的な鳥が今も失わない輝きで歴史を照らすと、日本史も世界史も関係ない、ドードーが関わる範囲において、絡まった文様が際立って見えてくる。それが、「出島ドードー」をめぐる堂々めぐりの中で得た、最も大きな認識の変化だったと思う。

本書では触れられなかった二一世紀的な課題としては、生命科学の進展により、絶滅種を復活させる「脱絶滅(de-extinction)」研究がある。いくぶん遠い目標だとはいえドードーの復活は、常に研究者の念頭にある。

実は、「脱絶滅」の論客の一人で『マンモスのつくりかた　絶滅生物がクローンでよみがえる』(筑摩書房、二〇一六年。"How to Clone a Mammoth: The Science of De-Extinction", Princeton University Press, 2015)の著者ベス・シャピロ(カリフォルニア大学サンタクルーズ校)は、「ドードー研究者」でもある。二〇〇二年に『サイエンス』誌に発表されたドードーの系統をめぐる有名な論文の後、古生物DNAの専門家としてのキャリアを重ねてきた。永久凍土で冷凍保存されていたケナガマンモスや、絶滅して日が浅いリョコウバトなどを遺伝子編集技術で復活させる計画にも関わっている。絶滅種の復活が可能になる時、我々はどんな態度を取るべきなのだろうか。本書ではまったく触れられなかった次の「堂々めぐり」のテーマはそこにあるのかもしれない。

さらに二〇二〇年八月に、日本の海運会社が所有する貨物船が、モーリシャス沖で座礁して燃料を流出させた事故は、不名誉で困った形で日本とモーリシャスとの関係を深めてしまった。貨物船が座礁したのは、生態系復元の実験場として紹介したエグレット島の北方二キロほどのところである。現場では燃料流出の環境影響を最小限に留める努力がなされる一方、エグレット島の一部の絶滅危惧鳥類や固有植物が本島の自然保護区に移動させられたとも聞く。この件も、本書の執筆段階で飛び込んできた、決して無視できない、また、わくわくするだけでは済まない次の「堂々めぐり」の一端になるだろう。

もう一点、ドードーの亜化石の産地マール・オゥ・ソンジュをめぐる最近の動向も注視せざるをえない。近藤典生が示唆した「公園化」が、いくぶん別の形で、実現に向けて動いているようだ。土地所有者は「ドードーのサンクチュアリー」と名付けた固有植物中心の森を整備し、それと同時に大規模なリゾートホテルを建設する計画だという。その森自体は近藤の意見で植林され、立派に育ち上がったものだ。しかし、目下、研究者たちは、マール・オゥ・ソンジュの亜化石を保存してきた特殊な環境を破壊しかねないと反発しており、それゆえ、土地の所有者は、取材に対しても慎重な姿勢になっているようだ。すぐれた実務家でもあり、「共生」のための現実的な解を模索することに長けた近藤なら、こういう難しい事案にどのように対処しただろうか。

かくのごとき「これから」の話がすでにほの見えつつも、この「堂々めぐり」を、二〇一〇年代後半に日本、ヨーロッパ、モーリシャス(そして、本書では書く機会がなかったがインド)を旅した、私的な物語として終えることにする。

「出島ドードー」の痕跡を少しでも見出したいという思いは最初から変わらない。だから、まずは「目」を多くしよう。そして、いつかドードーとの「新たな再会」が、それも幸せな形で、ありますようにと願ってやまない。

堂々めぐりの謝辞など

本書は、実に多くの方々の助力を得て書き上げることができました。主だった方々をここに記して謝意を表します(敬称略)。

二〇一四年三月、すべてのきっかけとなった論文を公表した、Ria Winters(University of Amsterdam)とJulian Hume(Natural History Museum)に格別の感謝を。「日本のドードーの記録を見つけてくれてありがとう!」と日本のドードロジストを勝手に代表して謝意を伝えたい。

本書の取材の中でも、ジュリアンはメンターとして議論に応じてくれて、欧州、モーリシャスでの取材のアレンジを助けてくれた。また共に画家でもある二人は、本書のための図版も提供してくれた。カバー装画はリアが描いた「出島ドードー」である。

日本国内での取材は、佐倉統(東京大学大学院情報学環)より東京大学史料編纂所に話をつないでいただき、イザベル田中ファンダーレン(東京大学史料編纂所・共同研究員)の手ほどきで史料を閲覧するところから始まった。

「出島ドードー」の行き先をめぐる調査では、各地・各方面の識者に史料の問い合わせや議論に応じていただいた。寺内博之（成田市生涯学習課・下総歴史民俗資料館）、井上淳（愛媛県歴史文化博物館）、高山英朗（福岡市博物館）、富田紘次（鍋島報效会・徴古館）、山口美由紀（長崎市出島復元整備室）、馬見塚純治（長崎市南総合事務所）、徳永宏（長崎市文化観光部長崎学研究所）、江田真毅（北海道大学総合博物館）らに感謝する。念の為の確認として、国立科学博物館にドードーの標本がないことについては、西海功（国立科学博物館）が問い合わせに応じてくださった。

日本のドードロジスト、蜂須賀正氏をめぐっては、『蜂須賀正氏随筆集　鳥の棲む氷の国』（我刊我書房、二〇一八年）の編者、小野塚力が、取材の初期に基本的な史料を示してくれた。Masako Hachisuka、蜂須賀昭隆、逆井弘（雨竜町社会福祉協議会）、小宮山めぐみ（雨竜町教育委員会）、加藤克（北海道大学植物園・博物館）には、成書にない蜂須賀の側面や、雨竜町の蜂須賀農場をめぐる様々な事象を教えていただいた。北海道大学図書館では、蜂須賀の博士論文を添付資料も含めて閲覧、複写させていただいた。鶴見みや古（山階鳥類研究所）には蜂須賀が寄贈したドードーの標本を始めとする所蔵物について教示いただいた。蜂須賀の本に掲載されている鳥類画については、園部浩一郎に同定をおねがいして小林重三のものであると確認し著作権継承者の内田孝人に使用を快諾いただいた。

本書の中での「発見」であった、進化生物学研究所の近藤典生のドードーとの関わりについては、今木明と山口就平（ともに進化生物学研究所）、相馬正弘（相馬ランドスケープ計画事務所）と相馬和子の証言を得た。江戸時代の禽獣画について、内田啓子（東京大学総合研究博物館）、内山淳一（宮城学院女子大学）、鹿島晶子（元国立公文書館）らが示唆をくださった。江戸時代の出島に動物が描かれている図像は、長崎歴史文化博物館に提供いただいた。松平信綱が「出島ドードー」の前の時期に持ち帰り奉納したサイチョウのクチバシについては、山田禎久と佐藤忠雄（ともに川越氷川神社、三芳野神社）、さらに岡田賢治と蓜島英之（ともに川越市立博物館）の協力で確認できた。川上和人（森林研究・整備機構森林総合研究所）は、取材の初期に本書の構想に関心を示し、勇気づけてくださった。

欧州各国での取材については、次の方々の助力を得た。

オランダでは、Frans van Dijk（National Archives of the Netherlands）、Kenneth Rijsdijk（University of Amsterdam）、チェコでは、Jan Hušek（National Museum, Prague）と前任者であるJiří Mlíkovský、デンマークでは、Jon Fjeldså（Natural History Museum of Denmark）、イギリスでは、Malgosia Nowak-Kemp（Oxford University Museum of Natural History）、Lorna Steel（Natural History Museum）、Michael Brooke（Department of Zoology, University of Cambridge）らに標本や情報へのアクセスを与えていただいた。本当にありがとうございます。

さらにイギリスでは、絶滅動物についての論考の偉大なる先達であるErrol Fuller、「ドードーの神官」とも呼ばれるRalfe Whistlerと議論して知見を深めることができた。数多く登場するオランダ人名の日本語読みについては、浅木千穂子（横浜市立中学校司書）の助力を得た。ありがとうございます。

インドでは、アグラ在住だった田中祥子（亜紀書房）の協力を得た。

モーリシャス島においては、Leon Claessens（Maastricht University）の発掘調査Thirioux expedition

川端裕人
1964年兵庫県明石市生まれ，千葉県千葉市育ち．文筆家．東京大学教養学部卒業．日本テレビ報道局で科学報道に従事後，フリーランス．
小説に『夏のロケット』(文春文庫)，『エピデミック』『銀河のワールドカップ』(集英社文庫)など．ノンフィクションに『我々はなぜ我々だけなのか――アジアから消えた多様な「人類」たち』(講談社ブルーバックス．科学ジャーナリスト賞・講談社科学出版賞受賞)，『動物園にできること――「種の方舟」のゆくえ』(文藝春秋)，『動物園から未来を変える――ニューヨーク・ブロンクス動物園の展示デザイン』(亜紀書房)，『「色のふしぎ」と不思議な社会――2020年代の「色覚」原論』『科学の最前線を切りひらく！』(筑摩書房)，『10代の本棚――こんな本に出会いたい』(共著，岩波ジュニア新書)など多数．

ドードーをめぐる堂々めぐり
――正保四年に消えた絶滅鳥を追って

2021年11月5日 第1刷発行
2022年3月15日 第4刷発行

著 者 川端裕人《かわばたひろと》

発行者 坂本政謙

発行所 株式会社 岩波書店
〒101-8002 東京都千代田区一ツ橋2-5-5
電話案内 03-5210-4000
https://www.iwanami.co.jp/

印刷・精興社 製本・牧製本

ISBN 978-4-00-061497-9 Printed in Japan

文献と注

以下に，本書を執筆するにあたって参考にした文献を列記し，精選した注を挙げる．さらに詳しい注は，岩波書店ホームページから，あるいはQR コードからご覧いただける．

第一章

(1)　オランダの世界進出については，『オランダ東インド会社』(永積昭，講談社学術文庫，2000年)を，さらに広い文脈での背景情報は『東インド会社とアジアの海』(羽田正，講談社学術文庫，2017年)を参考にした．

(2)　蜂須賀正氏の研究はドードーをめぐる文献調査などで今も引用される．IUCN のレッドリスト(2016年改訂版)のドードーの項目で挙げられている引用文献はわずか九つで，蜂須賀の本はそのうちの一つだ．

(3)　Julian Hume: "The history of the Dodo *Raphus cucullatus* and the penguin of Mauritius", *Historical Biology,* 2006.「ドードーの歴史とモーリシャスのペンギン」というタイトル．ドードーの「絵画史」「文献史」「標本史」を網羅的に扱っており，今後，何度も "Hume, 2006" として言及する．

(4)　閲覧にあたっては，日蘭関係の研究者で東京大学史料編纂所共同研究員のイザベル田中ファンダーレンの助力を得た．なお，図1-1，1-2，2-2は，オランダ，デン・ハーグの国立公文書館で撮影した原本のものを使った．

(5)「明治前動物渡来年表」で用いられたオランダ商館長の日記については，東京大学史料編纂所版の他，『平戸オランダ商館の日記 第1〜4輯』(永積洋子訳，岩波書店，1969〜70年)，『長崎オランダ商館の日記 第1〜3輯』(村上直次郎訳，岩波書店，1956〜58年)，『長崎オランダ商館日記 1〜10』(日蘭学会編，日蘭交渉史研究会訳注，雄松堂出版，1989〜99年)が挙げられている．さらに『史料綜覧』(東京大学史料編纂所，1965〜66年)や『通航一覧』(1853年頃に編纂された対外関係史料集)なども頻繁に参照している．

(6)　ヨンストンの『動物図譜』のドードーは，1598年のファン・ネック艦隊の航海日誌に描かれたものを，医師で植物学者のカロルス・クルシウスが書き写したものに起源を持つ「由緒正しい」像だ．翻訳された『阿蘭陀禽獣虫魚図和解』はきわめて限定的な抄訳で，ドードーを含めた鳥についてはほぼ訳出していない．国立国会図書館データベースで確認．

(7)　井上政重とオランダ人との関係については「オランダ人の保護者としての井上筑後守政重」(永積洋子『日本歴史』327号，1975年)．「長崎有事」の後，オランダ人を弁護しすぎたと，将軍から謹慎を言い渡されたことも語られている．

(8)　切支丹屋敷と収容された宣教師については『江戸の骨は語る——甦った宣教

師シドッチの DNA』(篠田謙一，岩波書店，2018 年)が出色の読み物である．

(9)　下総高岡藩の史料については，成田市生涯学習課・下総歴史民俗資料館の寺内博之に教示いただいた．国元の史料には，初代藩主である井上政重の経歴などを記した『幽山年譜』『下総町史 近世編 資料集一』(下総町史編さん委員会編，1985 年)，『下総町史 通史 近世編』(同，1994 年)など．

(10)　『松山叢談 1』『松山市史 2』『松山市史料集 3』『今治拾遺 資料編 近世』の 4 点を紹介された．本文で紹介しなかった『松山市史料集 3』(松山市史料集編集委員会，1986 年)は，藩政，軍事，役録，諸家記録などを編んだもので，生き物をめぐる記述は見つけられなかった．

(11)　46 ページに紹介した図 1–4 は，徴古館が 2012 年に開催した特別展「佐賀藩長崎警備のはじまり展」図録に掲載されている富田の図表を参考にして作成．

(12)　経緯は長崎市出島復元整備室のウェブサイトに詳しい．https://nagasakidejima.jp/history/

(13)　『舶来鳥獣図誌――唐蘭船持渡鳥獣之図と外国産鳥之図』(磯野直秀・内田康夫，八坂書房，博物図譜ライブラリー，1992 年)で一部を見ることができる．

(14)　2002 年は鹿児島大学の獣医学学科の西中川駿ら，2008 年からは西中川らに加えて，鳥類のみ鳥取大学医学部の江田真毅(現在は北海道大学総合博物館)が同定した．

(15)　この節で言及している報告書は以下の通り．『出島和蘭商館跡 道路及びカピタン別荘跡発掘調査報告書』(2002 年)，『出島和蘭商館跡 カピタン部屋跡他西側建造物群発掘調査報告書』(2008 年)，『出島和蘭商館跡 南側護岸石垣発掘調査・修復復元工事報告書』(2010 年)，『出島和蘭商館跡 銅蔵跡他中央部発掘調査報告書』(2018 年)，『出島和蘭商館跡 出島表門架橋に伴う発掘調査報告書』(2019 年)．発行はすべて長崎市教育委員会．

(16)　『日本博物誌総合年表 総合年表編』(磯野直秀，平凡社，2012 年)

(17)　『寛宝日記と犯科帳』(森永種夫，越中哲也共校訂，長崎文献社，1977 年)．1633～1708(寛永 10～宝永 5)年の長崎の様子を町吏が記録したもの．

(18)　『長崎実録大成 正編』(田辺茂啓著，丹羽漢吉，森永種夫共校訂，長崎文献社，1973 年)は，テーマごとに分けられた 16 巻の記録を 1 冊にまとめたもの．生き物にまつわる記述は 1617 年のオランダ人からの聞き取りで，世界各国の特産物を書き記した部分が詳細だ．マタカスカル(タは，原文ママ)は「黒檀，獣畜類」，インドネシアのアンボンは「鸚哥《インコ》，風鳥」といったふうに列挙されている．オランダ植民地が確立する前のモーリシャスは登場しない．

(19)　蜂須賀の書籍を論拠として，「低地から丘陵地にまで分布した可能性」と「人を恐れなかった(tame)」という性質の二つを述べている(The IUCN Red List of Threatened Species, 2016)．

(20)　歴史好きの方はご存知の通り，黒田家と蜂須賀家には深い因縁がある．ドードーを見た黒田忠之の父長政は，豊臣秀吉と縁の深い蜂須賀家から糸姫を正室

に迎えながら，秀吉が亡くなり徳川家康が優勢とみると，糸姫を離縁した上で，家康の養女・栄姫を娶った(黒田忠之は栄姫の子)．これによって黒田と蜂須賀は127年にもわたる「不通大名」の絶縁状態が続いたという．

(21) 山階鳥類研究所には，蜂須賀から寄贈された標本が所蔵されている．研究所データベースの標本番号 YIO261–277 の 17 点がドードーの骨．下顎(下クチバシ)，胸骨，大腿骨，脛骨，跗蹠骨など「クチバシから脚まで」が，かなりのところ揃っている．しかし，全身骨格を組み上げるには足りない．

(22) 蜂須賀は，生涯において様々な私的，公的トラブル(太平洋戦争中に「国家総動員法違反」で起訴されるなど)に見舞われ，あるいは自ら起こしているが，本書では触れない．蜂須賀の生涯は『絶滅鳥ドードーを追い求めた男――空飛ぶ侯爵，蜂須賀正氏 1903–53』(村上紀史郎，藤原書店，2016年)に詳しい．本節の簡単な年表は『南の探検』(蜂須賀正氏，平凡社ライブラリー，2006年)の巻末年表を参考にしつつ補った．

(23) 雨竜町役場に残された蜂須賀自身の手紙によると，蜂須賀は 1941(昭和 16)年，イギリスのペイントン動物園の創設者ハーバート・ホイットリィ(Herbert Whitley 1886–1955)に手紙を出し，ガラパゴスゾウガメやジャイアントパンダを入手できないかと相談している．もちろん実現しなかった．

(24) 雨竜農場の歴史を記した『御農場』(橋本とおる，2009年)によれば，蜂須賀はアメリカの動物園からバッファローのオスとメスを 1940(昭和 15)年に貰い受けた．ニホンザルを 10 頭送ったのに対する返礼だったという．バッファローのつがいは，一度，繁殖しており，オスの子どもが生まれたものの，1945(昭和 20)年，3 頭とも肺炎で死亡した．北海道大学の植物園内の博物館に所蔵されている剝製はそのうちの 1 頭かもしれないが，入手の経緯の明確な記録はない．

(25) ラルフ・ウィスラーの記憶と蜂須賀の行動は合っていない．蜂須賀は 1938年には，日本にいた．蜂須賀がイギリスを拠点に活動していたのは，戦前では 1934〜35 年が最後のようで，ラルフは 4〜5 歳だった．

(26) “Dodo” の語源については Errol Fuller: “Dodo: A Brief History”, Universe, 2002，ハーバート卿の旅行記は，Thomas Herbert: “A relation of some yeares travaile, begunne anno 1626”, 1634 による．

(27) 国際動物命名規約の起点となる 1758 年，その立役者であるリンネはドードーをダチョウ属(*Struthio*)に含め(『自然の体系 第 10 版』)，その後，1766 年になってから独立した属を与えて “*Didus ineptus*” とした．これが 18〜19 世紀中に広く使われたものの，後に命名規約の先取権が厳しく適用されるようになり，フランスの動物学者，ブリソン(Mathurin Brisson 1723–1806)が，1760 年の著書 “Ornithologie” で “*Raphus*” を使っていたことから，“*Didus*” よりも “*Raphus*” が優先されることになった．

(28) オーウェンの最初の論文は，Richard Owen: “Memoir on the Dodo”, 1866 で，修正論文は “On the Dodo (Part II.): Notes on the Articulated Skeleton of

the Dodo in the British Museum", *Transactions of the Zoological Society of London*, 1872
(29) ドードー研究を見渡す網羅的な書籍.
(30) Delphine Angst et al.: "The end of the fat dodo?: A new mass estimate for *Raphus cucullatus*", *The Science of Nature*, 2011. 一方，Parish, 2012 では，大腿骨の直径から鳥の体重を推定した上で，飛べない鳥用の補正などを施し，最大で 20 kg を超えることはありえたとしている.
(31) Leon Claessens et al.: "The Morphology of the Thirioux dodos", *Journal of Vertebrate Paleontology*, 2016
(32) Beth Shapiro et al.: "Flight of Dodo", *Science*, 2002
(33) 山階鳥類研究所が公開している国際鳥類学会議の鳥類リスト(IOC World Bird List 3. 2)の和名対照表最新版は「ロドリゲスドードー」を採用している.
(34) Lionel Walter Rothschild: "Extinct Birds", Hutchinson and Co., 1907
(35) Masauji Hachisuka: "Revisional note on the didine birds of Réunion", *Proceedings of Biological Society of Washington*, 1937
(36) Julian Hume & Anthony Cheke: "The white dodo of Réunion Island: unravelling a scientific and historical myth", *Archives of Natural History*, 2004
(37) 非常によく引用されたドードーとタンバラコクの「共生関係」の論文. Stanley Temple: "Plant-Animal Mutualism: Coevolution with Dodo Leads to Near Extinction of Plant", *Science*, 1977
(38) Hume, 2006
(39) Fuller, 2002
(40) France Staub: "Dodo and solitaires, myths and reality", *Proceedings of the Royal Society of Arts & Sciences of Mauritius*, 1996
(41) Kenneth Rijsdijk et al.: "Mid-Holocene vertebrate bone Concentration-Lagerstätte on oceanic island Mauritius provides a window into the ecosystem of the dodo (*Raphus cucullatus*)", *Quaternary Science Reviews*, 2009
(42) Hume, 2006
(43) Fuller, 2002 およびヒュームとの私信. さらに「ドードーの神官」ラルフ・ウィスラーも「ドードーの卵」を持っているが，本物である確証はない.
(44) Delphine Angst et al.: "Bone histology sheds new light on the ecology of the dodo (*Raphus cucullatus*, Aves, Columbiformes)", *Scientific Reports*, 2017
(45) Anthony Cheke の次の 2 論文で，ドードーの絶滅の時期が議論されている. "The Dodo's last island", *Proceedings of the Royal Society of Arts & Sciences of Mauritius*, 2004. "Establishing extinction dates - the curious case of the Dodo *Raphus cucullatus* and the Red Hen *Aphanapteryx bonasia*", *Ibis*, 2006
(46) David L. Roberts & Andrew R. Solow: "When did the dodo become extinct?", *Nature*, 2003

第二章

(1)　この時の作品群は Ria Winters: “A Treasury of Endemic Fauna of Mauritius and Rodrigues”, Christian le Comte, 2011 として出版.

(2)　ドードーは灰色から褐色の間で再現されていることが多いが，ウィンターズが選んだのはかなり暗い褐色だった．インドのスラートで生きたドードーを描いたとされる 17 世紀の絵画(図 0–2)と，オックスフォード大学の頭部標本の摩耗した羽が黒褐色だったという研究結果(アムステルダム大学による)を重視した．初期のオランダの航海者は “grau”(英語の “grey” に相当)という表現を使ったが，当時のオランダ語の “grau” は「際立った特徴的な色ではない」場合にも使われるものだったことから，必ずしも「灰色」を意味しないとしている．

(3)　Julian Hume: “The journal of the flagship Gelderland: dodo and other birds on Mauritius 1601”, *Archives of Natural History,* 2003 にて詳説.

(4)　オランダ艦隊のドードーの目撃談英訳は，Hume, 2006 と Parish, 2012 を参照.

(5)　Noud Peters et al.: “Late 17th century AD faunal remains from the Dutch ‘Fort Frederik Hendrik’ at Mauritius (Indian Ocean)”, *Archaeofauna,* 2009

(6)　クルシウスは，オランダのライデン大学植物園の設立に関わり，チューリップの品種改良や栽培を通じて，世界最初の金融危機に至るチューリップバブルのきっかけを作った人物として世界史の中では記憶されている．ドードーが描かれているのは 1605 年の編著 “Exoticorum libri decem”(風変わりな生命の形態についての 10 冊).

(7)　オランダ東インド会社の本社はアムステルダムにあり，ネーデルラント連邦共和国(設立当時)の各地に置かれた六つの支部(カーメル)から出た 17 人の役員によって意思決定された．またデン・ハーグには，「東インド会社ハーグ委員会」が置かれ，交易の記録を保存する重責を担った．それが現在の国立公文書館の起源となる.

(8)　フランスの偉大な比較解剖学者ジョルジュ・キュビエ(Georges Cuvier 1769–1832)が 1796 年のフランス科学院の大会において，マンモスやマストドンが現生のゾウとは違う絶滅動物であると報告したことが契機とされる．キュビエ自身は，大洪水のようなイベントで繰り返し絶滅が起きたと考えていた(旧約聖書の洪水のような一度きりのイベントではなかった)．Georges Cuvier: “Mémoire sur les espèces d’éléphans tant vivantes que fossiles”, *Magasin encyclopédique,* 1796

(9)　このドードーの脚の骨の由来については明確な説明が見出せない。「ドードーではなくソリテア」という理解もある(Parish, 2012)．しかし，コンセンサスになっていないようで，ここではドードーとする.

(10)　描き手は，アントワープ出身のヤコブ・ヘフナゲル(Jacob Hoefnagel 1573–1632 頃)など諸説がある.

(11) Anthony Cheke: “The identity of a flying-fox in Emperor Rudolf II’s Bestiaire”, *Journal of the National Museum,* 2007

(12) ヒュームは，別のドードーだったという説を採っている(Hume, 2006).

(13) 他にも「サーフェリー」「サベリー」と表記されることがある.

(14) ヒュームは，サフェリーが描いた白ドードーは，モーリシャス島のドードーの白化個体(albinistic specimen)ではないかとしている．Julian Hume & Anthony Cheke: “The white dodo of Réunion Island: unravelling a scientific and historical myth”, *Archives of Natural History,* 2004

(15) Martin Gardner: “The annotated Alice: the definitive edition”, W. W. Norton & Co, 1999

(16) Arturo Valledor de Lozoya: “An unnoticed painting of a white dodo”, *Journal of the History of Collections,* 2003

(17) 様々な画家がこのポーズをコピーし，活動的なドードー画の原型となった.

(18) 本節の歴史記述は，博物館の展示解説に加えて，Parish, 2012 を参考にした.

(19) ラインハルトによるドードーの「コペンハーゲン・スカル」の再発見(1840年)，オオウミガラスの「コペンハーゲンの冬羽」の購入(1842 年)，ドードーがハト類であるとの主張(1843 年)，オオウミガラスの絶滅(1844 年)は，すべて 1840 年代.

(20) Samuel T. Turvey & Anthony Cheke: “Dead as a dodo: the fortuitous rise to fame of an extinction icon”, *Historical Biology,* 2008

(21) 『ビーグル号航海記 上』(チャールズ・ダーウィン，島地威雄訳，岩波文庫，1959 年)

(22) 新聞記事の検索は英語圏新聞データベース “Newspapers. com” で行った.

(23) ドードーが成人男性の手を持つ理由について，小野塚力の『不思議の国のアリスを超短編として読む』(うのけブックス，2016 年)が考察している.

(24) Roger Taylor, Edward Wakeling: “Lewis Carroll, photographer”, Princeton University Press, 2002

(25) 百科事典では，“Dodgson, Charles” の次の項目が “Dodo” になることが多い．この事実に気づいた時，やはりドジソンとドードーの「近さ」に思いを馳せた.

(26) J. R. Lucas: “Wilberforce and Huxley: A Legendary Encounter”, *The Historical Journal,* Vol. 22, No. 2, 1979

(27) Malgosia Nowak-Kemp & Julian Hume による 2 篇，“The Oxford Dodo. Part 1: the museum history of the Tradescant Dodo: ownership, displays and audience”, *Historical Biology,* 2016 および，“The Oxford Dodo. Part 2: from curiosity to icon and its role in displays, education and research”, *Historical Biology,* 2016．本章のこれ以降の記述はこれらに依拠する部分が多い．ノワク－ケンプは，ヒュームに次いで蜂須賀正氏に大きな関心を持つ研究者だった.

(28) 現在，父子の墓がある教会の建物に作られたガーデンミュージアムの一角

に，「方舟」の収蔵物が展示されており，かつての面影を追うことができる．

(29) レストレンジの説明はこんなふうだ．「1638年頃，ロンドンの街を歩いていると，布製のキャンバスに奇妙な鳥の絵が飾られているのを見て，私とその時にいた1人か2人の人たちと一緒に中に入って見てみた．それは小部屋の中で飼われていて，七面鳥の最も大きなオスよりも幾分大きく，足腰もそうだが，がっしりと太く，より直立した形をしており，体の前側は若い鶏の胸のような色をしていたが，背中は鈍いというか薄暗い色をしていた．飼育係はこれをドードーと呼んだ．部屋の煙突の先には大きな小石の山があり，そこを私たちに見えるようにした．[小石の]いくらかはナツメグほどの大きさだった．飼育係は，彼女が[ドードーが]それを食べる(消化を助ける)と言った」(Parish, 2012).

(30) ハーバート卿の説明は興味深い．「体が大きくて丸いドードーについて触れてみよう．肥満のために，ゆっくりとした怠惰な歩き方をする．体重が50ポンド(22.68 kg)に近いものもいる．食べた時の味よりもその姿の方がずっと興味深く，自然がこんなに大きな体に小さな翼を与えたことを残念に思っているかのような憂鬱な表情をしている．暗い色の羽毛で頭が覆われているものもいれば，まるで洗ったかのように白っぽく剝げた頭のものもいる．クチバシは長く湾曲しており，鼻孔は先端の半分まで開いている．クチバシは緑がかった黄色である．目は丸くて光沢があり，羽毛はフワフワしている．尾は中国人のまばらなひげのように，3, 4本の短い羽毛で構成されている．足は太くて黒く，足指は力強い．燃えるような胃を持っていて，ダチョウのように石を消化することができる」(“Some yeares travels into divers parts of Asia and Afrique”, 1638).

(31) さらにその後，1860年，アシュモレアン博物館から自然史標本を引き取る形で，オックスフォード大学自然史博物館が開設．クライストチャーチ学寮の自然史標本も自然史博物館に所蔵されることになり，チャールズ・ドジソンが移転前に記録写真を撮影した．これがドジソンと自然史博物館の接点となった．

(32) ドードーの全身剝製は破棄された1755年の時点で，すでに1世紀を経ており，かなり長持ちしたともいえる．

(33) 例えばこのような記述．「1755年1月の寒い日の午後，オックスフォードのオールド・アシュモレアン博物館の外で焚き火が行われた．傷んでいて明らかにもう役に立たないと思われる大量の標本が，炎の中に投げ込まれた．これらの中には，1世紀もの昔，ヨーロッパで生きているのを見られた最後のドードーの遺物が含まれていた．最後の瞬間に誰かが炎の前へと飛び出し，頭部と一脚を救出した」(P. M. J. Whitehead: “Museums in the history of zoology”, *Museum Journal*, 1970).

(34) Oliver Goldsmith: “A History of The Earth and Animated Nature”, 1840では水禽の中に，Lorenz Oken: “Allgemeine Naturgeschichte: für alle Stände”, 1843では，ダチョウなどと一緒に描かれている．

(35) Richard Owen: “Observations on the Dodo: *Didus ineptus*, Linn.”, *Transac-*

tions of the Zoological Society of London, 1846
(36) ストリックランドがこう記述した1848年には，オオウミガラスはすでに絶滅していたが，まだ誰もそのことに気づいていなかった．
(37) T. G. Brom & T. G. Prins: "Microscopic investigation of feather remains from the head of the Oxford dodo, *Raphus cucullatus*", *Journal of Zoology*, 1989
(38) すでに紹介したShapiro et al., 2002
(39) Jason Warnett et al.: "The Oxford Dodo. Seeing more than ever before: X-ray micro-CT scanning, specimen acquisition and provenance", *Historical Biology*, 2020
(40) モーリシャス島は，17世紀のオランダ，18世紀のフランスの統治時代を経て，1810年からはイギリスが統治．
(41) Julian Hume et al.: "How Owen 'stole' the Dodo: academic rivalry and disputed rights to a newly-discovered subfossil deposit in nineteenth century Mauritius", *Historical Biology*, 2009に依拠．論文自体は，ケンブリッジ大学に渡るべき標本をオーウェンが途中で留め置き，自らの利益に資したことを述べているのだが，非常に込み入っているため本書ではその「係争」については踏み込まない．
(42) Alfred Newton & Edward Newton: "On the osteology of the solitaire or Didine bird of the island of Rodriguez, *Pezophaps solitaria*", *Philosophical Transactions of the Royal Society*, 1868
(43) Alfred Newton: "On a picture supposed to represent the Didine bird of the Island of Bourbon (Réunion)", *Transactions of Zoological Society of London*, 1869. ここでニュートンが白ドードーの根拠とした絵は，ピーテル・ヴィトホースのもの(図0–14)をもとにジョセフ・スミット(Joseph Smit)が描いたもの．
(44) Anthony Cheke & Julian Hume: "Lost land of the Dodo: The Ecological History of Mauritius, Réunion, and Rodrigues", Yale University Press, 2008に詳述．
(45) 法律家で博物学者だったウィリアム・ジョン・ブロデリップ(William John Broderip 1789–1859)による記事．
(46) "The Travels of Peter Mundy, in Europe and Asia, 1608–1667: Travels in Asia, 1628–1634 Vol. 2", *Hakluyt Society Second Series*, 1914
(47) A. Iwanow: "An Indian picture of the Dodo", *Journal for Ornithology*, 1958
(48) M. A. Alvi & Abdur Rahman: "Jahangir the naturalist", National Institute of Sciences of India, 1968の中の"Dodo"の項目．ただし，マンディがスラートのイギリス商館で2羽のドードーを見たのが皇帝の没後の1628年頃であり，商館から皇帝へと献呈される流れからして時系列が逆になってしまう．そこで，これらは別のドードーだったのではないかという説もある(Parish, 2012)．
(49) 近藤典生の経歴にまつわる記述は，『環境共生学の祖 近藤典生の世界』(淡輪俊，東京農業大学出版会，2010年)に基づく．

第三章

(1) この年の調査は,『ナショナルジオグラフィック』誌のエクスプローラーとして予算を得ているクレセンスがリーダーになっていた.

(2) 本項の主たる情報は, Leon Claessens & Julian Hume: "Provenance and history of the Thirioux dodos", *Journal of Vertebrate Paleontology*, 2015 より.

(3) Gregory Middleton & Julian Hume: "The discovery of a Dodo *Raphus cucullatus* Linn. (Aves, Columbiformes) in a highland Mauritian lava cave", *Helictite*, 2016

(4) 東南アジアの原産のカニクイザルは17世紀中にすでにオランダ人によって放たれていた. スンダ列島, 特にジャワ島に由来することが分かっている. Mikiko Kondo et al.: "Population genetics of crab-eating macaques (*Macaca fascicularis*) on the island of mauritius", *American Journal of Primatology*, 1993

(5) Kenneth Rijsdijk et al.: "Mid-Holocene vertebrate bone Concentration-Lagerstätte on oceanic island Mauritius provides a window into the ecosystem of the dodo (*Raphus cucullatus*)", *Quaternary Science Reviews*, 2009

(6) 池の有毒化と大量死については, Erik J de Boer et al.: "A deadly cocktail: How a drought around 4200 cal. yr BP caused mass mortality events at the infamous 'dodo swamp' in Mauritius", *The Holocene*, 2015

(7) Julian Hume: "Contrasting taphofacies in ocean island settings: the fossil record of Mascarene vertebrates", Proceedings of the International Symposium "Insular Vertebrate Evolution: the Palaeontological Approach", 2005

(8) 進化生物学研究所には, 2010年の特別展「近藤典生の世界」で展示された精巧な船舶模型(チャールズ・ダーウィンが世界一周したビーグル号)が保存されており, その解説板にこう書かれていることも確認した.「**ビーグル号のモデルシップ** 近藤典生は, 1990年の大阪花博の際にモーリシャス共和国の公式参加を説得し, 出展に全面協力した. 近藤は, 古図面の考証に基づく精密な木製艦船模型が特産品であることを知り, チャールズ・ダーウィンが乗船した世界一周航海の途上でモーリシャスに寄港したイギリス海軍の測量艦, ビーグル号の製作を提案したが, 図面がないため実現しなかった. この模型は, 花博の政府代表ロベール・アントワーヌ氏の要請により努力の末に図面を入手した工房が二年後に完成し, モーリシャス政府から近藤に寄贈されたもの」.

(9) ヒュームの論文の共著者として, あるいは謝辞の中によく名前が見られるオーウェン・グリフィス(Owen Griffith)が経営している.

(10) モーリシャス島の2種のゾウガメ——ドーム型(Domed Mauritius giant tortoise, *Cylindraspis triserrata*)と鞍型(Saddle-backed Mauritius giant tortoise, *Cylindraspis inepta*)の和名は確立していない. なお, グリフィス(Griffith)が代替種としてのゾウガメ導入を支持していることから,『不思議の国のアリス』の中で,

グリフォン(Gryphon：上半身が鷲，下半身がライオンの伝説的な動物 Griffin に想を得たキャラクター)が代用ウミガメ(Mock Turtle)ならぬ代用ゾウガメ(Mock Tortoise)を連れているシーンを想起するのは，ぼくだけではないはずだ．

(11) 2種のゾウガメのうち「鞍型」は，鞍状の甲羅のおかげで首を高く上げられたため，低木の葉も食べたとされ，グレイザーよりも，木の葉を食べるブラウザー寄りである．

(12) Parish, 2012 では，体高がオス 75 cm，メス 65 cm 程度と推定されている．性的二型がかなり激しく，オスはドードーよりも一回り大きかった．

(13) ユグノー(Huguenot)は，フランスにおけるカルヴァン派を指す．カトリックからの迫害が激化する中で，ユグノーだったルガはまずオランダに逃れ，仲間たちと新天地を目指してインド洋の航海に出た．その中でロドリゲス島に上陸，定住を目指したものの2年間で島を離れた．500 km 以上離れた隣のモーリシャス島に向かうために自力で船を造り，命がけの冒険となった．

(14) フランスの探検家，ジュリアン・タフォーレ(Julien Tafforet)が 1725〜26年，ロドリゲス島に8カ月間生活した際の手記 "Relation de l'île Rodrigues"．パリのフランス国立中央文書館(Archives Nationales)に所蔵．

(15) Julian Hume & Lorna Steel: "Fight club: A unique weapon in the wing of the solitaire, *Pezophaps solitaria* (Aves: Columbidae), an extinct flightless bird from Rodrigues, Mascarene Islands", *Biological Journal of the Linnean Society*, 2013

(16) 他の鳥類では，エリマキライチョウ(*Bonasa umbellus*)は高速の羽ばたき音を使い，ユーラシアキジバシヤマシギ(*Scolopax rusti*cola)は，羽ばたきと複雑な鳴き声を組み合わせて使う，とヒュームは例示している．

(17) Christine Griffiths et al.: "The Use of Extant Non-Indigenous Tortoises as a Restoration Tool to Replace Extinct Ecosystem Engineers", *Restoration Ecology*, 2010

(18) IUCN の報告書ではこのプロジェクトが「成功」と報告されている．Vikash Tatayah et al.: "Introduction to Ile aux Aigrettes, Mauritius, of the Aldabra giant tortoise as an ecological replacement for the extinct Mauritian tortoise", Global Re-introduction Perspectives: 2018 Case-studies from around the globe (IUCN/SSC Re-introduction Specialist Group), 2018

終章

(1) 内山淳一『めでたしめずらし 瑞獣珍獣』パイインターナショナル，2020年

(2) その大きさと頭部の角飾りの形から，おそらくオオサイチョウ(*Buceros bicornis*)．形状の違う別種のサイチョウの角飾りと下顎も残されていた．

2017に参加し、Owen Griffiths(La Vanille Réserve des Mascareignes)の厚意で様々なアクセスを得た。ロドリゲス島においては、Aurèle Andre(François Leguat Giant Tortoise and Cave Reserve)のお世話になった。土地鑑がゼロの場所での取材に便宜を図っていただき感謝にたえません。

本書は、メールマガジン「秘密基地からハッシン!」(夜間飛行)において、二〇一五年からおよそ三年間、六五回にわたって連載した原稿を元にまとめたものである。執筆を始める前に雑誌などの掲載場所を探したものの、引き受け手がなく、ならば自分で媒体を作ってしまおうと始めたのが本メルマガだった。本書の出版によって、当初の目標を達成したことになり、感慨が深い。メルマガ・クルー(購読者)、とりわけ「ドードー班」のみなさん、そして編集者の福島奈美子が常にはげましてくれた。さらに、岩波書店の猿山直美は、細かな作業が多い中で粘り強く本を仕上げてくださった。

関わってくださった多くの方々に、感謝申しあげます。みなさまの助力なしには本書の執筆は成し遂げられませんでした。そして、これからも「堂々めぐり」しましょう!

二〇二一年九月　いまだコロナの渦中で

川端裕人